Laila Heinemann

Oi aikoja, oi paikkoja

FSC
www.fsc.org
MIX
Paperi vastuul-
lisista lähteistä
Paper from
responsible sources
FSC® C105338

Laila Heinemann

OI AIKOJA, OI PAIKKOJA

ESSEITÄ ERI PAIKOISTA PALLOLLA

Kannen kuva: K2 Himalajalla.
By Anees Javaid - Own work, CC BY-SA 3.0,
https://commons.wikimedia.org/w/index.php?curid=40635798

Kustantaja: BoD – Books on Demand, Helsinki, Suomi

Valmistaja: BoD – Books on Demand, Norderstedt, Saksa

ISBN: 978-952-80-6742-9

Sisarelleni Annu Heinemannille
(1959–2022)

SISÄLLYS

ESIPUHE

Kun korona sulki rajat, monen meistä kaukokaipuu kasvoi elämää suuremmaksi. Emme välttämättä edes haaveilleet Etelämeren saarista tai Afrikan savanneista. Meille olisi riittänyt Tallinna ja Tukholmakin, kunhan vain olisimme päässeet lähtemään jonnekin pois arjestamme.

Kautta aikojen on ollut paikkoja, joista ihmiset ovat haaveilleet syystä tai toisesta. Paikoista, jotka ovat tuntuneet saavuttamattomilta – ja jotka myöhemmin ehkä ovat sellaisiksi osoittautuneetkin.

Monilla paikoilla saattaa myös olla myyttinen kaiku, jolla ei ole mitään tekemistä todellisuuden kanssa. Mielikuvamme siitä perustuu seikkailuromaaniin tai lavasteisiin Hollywoodissa.

Englantilainen matkakirjailija Dea Birkett yritti kauan sisukkaasti päästä kaukaiselle Pitcairnille, jonne Bounty-laivan kapinalliset aikanaan rantautuivat. Commonwealth Officessa hänelle kerrottiin, että maihinnousulupaa olisi hyvin vaikea saada. He olivat hukkumassa anomuksiin ihmisiltä, jotka halusivat asettua tälle saarelle, joka sijaitsee lähes kirjaimellisesti keskellä ei-mitään.

Birkett onnistui lopulta pääsemään sinne, mutta paratiisia hän ei löytänyt, ja hän totesikin kotiin palattuaan:

Meillä kaikilla on sydämessämme paikka – täydellinen paikka – joka on saaren mallinen. Se tarjoaa pakopaikan ja voimaa; voimme aina paeta sen täydellisyyteen. Minun virheeni oli mennä sinne. Unelmia olisi vaalittava ja kehiteltävä; niissä ei koskaan pitäisi oikeasti käydä.

Näissä tarinoissa kerrotaan paikoista eri puolilla palloamme, ja heistä jotka ovat niistä unelmoineet.

Minäkään en ole käynyt niissä kaikissa – ainakaan vielä.

GREENWICH

MAAILMAN NOLLAPISTE

Avaatpa minkä tahansa sovelluksen älylaitteellasi se paikantaa sinut suhteessa Greenwichiin.

Kotona Helsingissä ruutuni kertoo minulle, että olen Itä-Euroopan aikavyöhykkeellä, joka on GMT+2, kesäisin GMT+3. (Jääköön tässä yhteydessä mainitsematta, mitä mieltä olen kellojen siirtelystä.)

GMT on lyhenne sanoista *Greenwich Mean Time*, joka puolestaan tarkoittaa keskiaurinkoaikaa Lontoon Greenwichissä.

Greenwichiin pääsee nykyisin Lontoon keskustasta Docklands Light Railwaylla. Se on automaattimetro, jossa ei ole lainkaan kuljettajaa. Ensimmäisen vaunun ensimmäiselle penkkiriville ryntäävät aina istumaan lapset ja turistit.

Minä menen viimeiseen vaunuun, olen ajanut tämän reitin niin monesti, että osaan sen jo ulkoa.

Ei kulu montaa minuuttia ennen kuin juna nytkähtää liikkeelle. Vähän ennen seuraavaa asemaa se nousee tunnelista ja alkaa mutkitella halki Isle of Dogsin.

Katselen ajatuksissani ikkunasta.

On vaikea uskoa, että tämä on joskus ollut osa maailman vilkkainta satamaa. Tänne ankkuroivat aikanaan valtameriä kyntäneet valtavat purjelaivat, täällä oli tehtaita, joissa jatkojalostettiin niiden siirtomaista tuomia raaka-aineita. Täällä rakennettiin oman aikansa suurimpia höyrylaivoja. Mutta alukset ovat lähteneet, samoin tehtaat, telakat ja työläiset.

Nyt niistä muistuttavat enää asemien nimet.

Westferry. West India Quay.

Canary Wharfin pilvenpiirtäjien keskellä junaan nousee siististi pukeutuneita pankkiireja ja pörssivälittäjiä, laatulehdistön toimitusväkeä, liikemiehiä ja -naisia. Liituraitapukuja, tyylikkäitä jakkupukuja, salkkuja ja tietokonelaukkuja.

Heron Quays, South Quay, Crossharbour. Sitten Mudchute, jonne aikanaan dumpattiin satamasta ruopattu muta.

Island Gardensin jälkeen juna sukeltaa taas tunneliin ja alittaa Thames-joen.

Noustessaan maan päälle Greenwichin puolella, turisti näkee ensimmäisenä entisöidyn teeklipperi Cutty Sarkin. Sen jälkeen viitat ohjaavat hänet kohti Merimuseota ja Kuningattaren taloa ja niiden takana aukeavaa 73 hehtaarin laajuista puistoa.

Hiekkaiset kävelytiet halkovat sitä viivasuorina, taipuvat sitten serpentiiniksi noustessaan ylös mäkeä kohti sen korkeimmalla kohdalla olevia observatorion rakennuksia.

Juuri siellä on GMT:n nollapiste.

Vuonna 1833 John Henry Belville kiipesi kapeita portaita pitkin torniin, joka oli Greenwichin observatorion päärakennuksen kahdeksankulmaisen huoneen yläpuolella. Hän tunsi rakennuksen hyvin, sillä hän oli kasvanut siellä lapsesta saakka – Kuninkaallinen tähtitieteilijä oli ollut hänen holhoojansa.

Nyt hänelle oli annettu uusi luottamustehtävä. Viittä vaille yksi iltapäivällä hän hilaisi suuren pallon tornin huipulla olevan maston puoleenväliin, ja jättäisi sen siihen hetkeksi. Kolme minuuttia myöhemmin hän nostaisi sen ylös saakka ja täsmälleen kello 13:00 hän päästäisi sen putoamaan alas.

Se oli Lontoon ensimmäinen aikamerkki ja sitä seurattiin pian kaikkialla, minne se näkyi.

Thamesille ankkuroitujen suurten purjelaivojen kansilla sitä seistiin odottamassa malttamattomana, niiden miehistöille se oli elämän ja kuoleman kysymys. Kun merillä vielä navigoitiin käsikäyttöisten instrumenttien avulla, yksi tärkeimmistä oli kronometri. Jos se ei ollut oikeassa ajassa, kaikki muutkin mittaukset olivat epätarkkoja. Laivan navigaattori mittasi keskipäivän ajan sekstantilla, vertasi sitten sitä Greenwichin aikaa käyvään kronometriin ja laski niiden erotuksen perusteella laivan sijainnin. Kapteenin oli siksi ennen lähtöä varmistettava, että kronometri näytti oikein, ja tarkalleen oikean ajan saattoi saada vain tähtitieteilijöiltä.

Torniin piti kiivetä joka ikinen päivä lähes kahdenkymmenen vuoden ajan, kunnes toiminta saatiin automatisoitua.

Rakennuksessa toimii enää vain museo, mutta pallo pudotetaan sieltä yhä joka päivä tasan kello kolmetoista.

Nyt sitä seuraavat puistossa parveilevat tuhannet turistit.

Greenwichin kautta kulkevan nollameridiaanin symbolina on observatorion portin luona maahan upotettu metallinen viiva.

Kaikki kävijät haluavat itsestään kuvan seisomassa jalka sen molemmin puolin, toinen itäisellä pallonpuoliskolla ja toinen läntisellä. Nykyisin siellä kohotellaan kännyköitä ja asetellaan selfiekeppejä erilaisiin kuvakulmiin. Homma oli paljon helpompaa siihen aikaan, kun oli tapana pyytää toista vierailijaa avuksi. Olen tullut kuvanneeksi aika monta japanilaista siinä portilla.

Nollameridiaani ei tosin enää sijaitse tarkalleen sen observatorion portin eteen piirretyn viivan kohdalla. Maapallon pyörimisliikkeen hidastumisesta ja tektonisten laattojen siirtymisestä johtuen satelliittimitattu oikea nollameridiaani sijaitsee tällä hetkellä peräti 100 metrin päässä siitä. Tätä ei yleensä tavallisille turisteille kerrota.

Greenwich määriteltiin virallisesti nollameridiaanin paikaksi 25 valtion yhteisessä Meridiaanikokouksessa vuonna 1884, koska kaksi kolmasosaa maailman laivaliikenteestä jo käytti sitä navigointiin. Vain Ranska kieltäytyi äänestämästä sen puolesta, ja käytti vielä vuosikymmeniä Pariisia nollameridiaanina omissa kartoissaan.

Päivämäärän raja sen sijaan kulkee meridiaanilla 180, joka sijaitsee maapallon vastakkaisella puolella keskellä Tyyntämerta. Se kulkee maata pitkin vain Venäjällä, Etelämantereella ja pienellä Fidžille kuuluvalla Taveunin saarella. Tonga sijaitsee juuri sen itäpuolella, viimeisellä aikavyöhykkeellä.

Kesäaika taas on käytössä pääasiassa vain länsimaissa, Euroopassa, Pohjois-Amerikassa, Australiassa ja Uudessa-Seelannissa. Niiden lisäksi sitä noudattavat vain yksittäiset valtiot siellä täällä. Vuoden 1999 lopulla myös Tonga siirtyi käyttämään kesäaikaa.

Miksi?

Siksi, että he halusivat juhlia vuosituhannen vaihtumista ensimmäisenä maailmassa, eivät viimeisenä. Eteläisellä pallonpuoliskollahan vuodenvaihde osuu kesään. He laskivat saavansa näin saarelleen 5 000 ylimääräistä turistia, jotka muuten olisivat menneet Fidžille.

Seuraavana vuonna he luopuivat käytännöstä jälleen.

Maaliskuun 4. päivänä vuonna 1998 Britannian ylähuoneessa lordi Tanlaw puolestaan esitti hallitukselleen kysymyksen koskien Kansallisen fysiikkalaboratorion, Britannian horologisen seuran ja Kansallisen karttaviraston tekemää valitusta siitä, että suunnitellut vuosituhannen vaihtumiseen liittyvät juhlallisuudet järjestetään Greenwichissä väärällä meridiaanilla väärään aikaan ja vääränä vuonna.

Lordin hyökkäyksen kohteena oli ennen muuta työväenpuolueen tukema suuri Millennium Dome -projekti, vaikka hän sanoikin ettei hänellä ollut mitään itse hanketta vastaan. Siitä oli tarkoitus tulla näyttelykeskus, jonka koko ensimmäinen vuosi olisi omistettu futuristiselle näyttelylle kolmannesta vuosituhannesta. Pääministeri Tony Blair oli julistanut, että se tulee olemaan "luottamuksen voitto kyynisyydestä, rohkeuden voitto värittömyydestä ja erinomaisuuden voitto keskinkertaisuudesta" – oppositiossa ollut konservatiivipuolue oli kuvaillut sitä "banaaliksi, anonyymiksi ja juurettomaksi".

Dome piti sijoittaa symbolisesti nollameridiaanille. Lordi Tanlaw halusi nyt tuoda esille, että se oli rakenteilla historialliselle vuoden 1884 sopimuksessa määritellylle linjalle, vaikka nykyisin virallinen nollameridiaani kulkee vuonna 1989 satelliittipaikannuksella tarkemmin määritellyllä linjalla.

Väärä ajankohta sai hänet todella vauhtiin. Hän viittasi aikavyöhykkeisiin, jotka jättävät Britannian erilleen Manner-Euroopasta. Hän ei pitänyt ajatuksesta, että koko muu Eurooppa juhlisi uutta vuosituhatta tuntia ennen brittejä. Hän epäili, että Millennium Domen juhlallisuuksiin syydetyt rahat menisivät hukkaan, koska muu Eurooppa ei olisi enää niitä seuraamassa. Hän ei toki halunnut muuttaa Britannian aikavyöhykettä, pois se hänestä. Sen sijaan hän vaati hallitustaan esittämään, että koko EU:ssa tulisi noudattaa virallista Greenwichin aikaa.

Kiistaa siitä, onko vuosi 2000 edellisen vuosituhannen viimeinen vai seuraavan ensimmäinen – ajanlaskussammehan ei ole lainkaan vuotta nolla – oli puolestaan käyty jo muillakin foorumeilla, niin oluttuopin ääressä kuin yleisönosastoissakin. Lordi kuitenkin muistutti hallitustaan, että edellistä vuosituhannen taitetta oli todellakin juhlittu vasta vuoden 1901 alussa.

Seuraavaksi puheenvuoroa pyysi lordi Haskel, joka ilmeisimmin oli paremmin perehtynyt luonnontieteisiin. Hän huomautti, että jopa Greenwichin observatoriossa on useita eri aikoina ja eri tavoin mitattuja meridiaaniviivoja. Atomikellolla mitattu keskiyö ei sekään enää ollut tarkalleen klo 24:00 Greenwichin aikaa. Hän sanoi, että horologisen seuran valitus, johon lordi Tanlaw oli viitannut, ei suinkaan koskenut Euroopan aikavyöhykkeitä, vaan tätä virhettä.

Kyse ei ollut yhden tunnin vaan yhden sekunnin mittaisesta erosta.

Koska juhlien arvo oli kuitenkin ennen muuta vertauskuvallinen, hän ehdotti että suunnittelua jatketaan alkuperäisistä lähtökohdista: vuodesta 2000, jolloin kaikkialla muuallakin maailmassa aiotaan juhlia, ja historiallisesta Greenwichistä, joka oli briteille ajan mittaamisen symboli.

Näin istunnossa päätettiin.

Pohjois-Greenwichiin, Thames-joen mutkaan pystytetty Millenium Dome on koko Brittein saarten kaikkien aikojen suurin rakennus. Se on pyöreä kupoliteltta, jota kannattelevat katon läpi ulottuvat teräspilarit. Lattiapinta-alaa on 80 000 neliömetriä.

Kaukaa katsoen se muistuttaa lähinnä tiineenä olevaa hämähäkkiä.

Se maksoi noin 760 miljoonaa puntaa ja rakennettiin lottopelin tuotoilla. Erään mielipidekyselyn mukaan vain kaksi prosenttia briteistä oli sitä mieltä, että se oli hyvä vastine näille rahoille.

Millenium Domelle pyrittiin tuomaan julkisuutta kaikin mahdollisin keinoin, muun muassa uuden Bond-filmin avulla. Elokuvassa *The World Is Not Enough* salainen agentti 007 suojelee teltan avajaisten juhlavieraita uhkaavilta terroristeilta. Sitä pidetään nykyään yhtenä kaikkein huonoimmista Bondeista.

Oli torstai-iltapäivä helmikuussa 1894. Tummaan päällystakkiin kietoutunut mies lähti yöpymispaikastaan Fitzroy Streetiltä ja käveli lähellä parlamenttitaloa sijaitsevalle hevosraitiovaunulinjan pysäkille. Hän osti lipun päätepysäkille saakka, joka sijaitsi Itä-Greenwichissä. Kun hän nousi vaunusta, hän kyseli konduktööriltä tietä Greenwichin puistoon.

Löydettyään viimein perille hän ylitti puiston ja lähti nousemaan mutkittelevaa polkua, joka johti mäen päällä sijaitsevalle observatoriolle. Hän vaikutti kiireiseltä ja hermostuneelta ja vilkuili ympärilleen.

Sitten hän kompastui ja kaatui.

Kello lähestyi jo viittä ja observatoriossa oli töissä enää kolme henkilöä, tähtitieteilijät Thackeray ja Hollis sekä portinvartija. Tiedemiehet olivat laskentahuoneessa, kun he kuulivat terävän ja kovan räjähdyksen äänen. He ryntäsivät ikkunaan ja näkivät portinvartijan juoksevan pihan poikki. He näkivät myös puistovahdin ja joitakin koulupoikia kiirehtimässä kohti mäelle johtavalle polulle lyyhistynyttä hahmoa.

Kun he pääsivät perille, heitä kohtasi järkyttävä näky. Mies oli edelleen elossa, mutta häneltä puuttui toinen käsi ja hänen vatsassaan oli ammottava aukko. Lääkäri ja paarit saatiin pian paikalle läheisestä merimiessairaalasta, jonne mies kannettiin. Puolen tunnin kuluttua hän kuitenkin kuoli kertomatta, kuka oli ja mitä tapahtui.

Herrat Thackeray ja Hollis tutkivat paikkaa tarkemmin ja löysivät palasia miehen kädestä ja veriroiskeita, jotka olivat levinneet jopa viidenkymmenen metrin päähän observatorion muurille. Mutta itse tapahtuma jäi heillekin silti mysteeriksi.

Poliisi sai vähitellen selville, että mies oli ranskalainen Martial Bourdin, jolla oli yhteyksiä Lontoon anarkistipiireihin. Paikallisia anarkisteja pidätettiin, mutta mitään ei varsinaisesti saatu selville. Vain se, että mies oli kantanut mukanaan pommia, joka oli lauennut vahingossa hänen kaatuessaan.

Anarkistit olivat olleet aktiivisia eri puolilla Eurooppaa, ennen muuta Ranskassa. Vain muutama päivä aiemmin he olivat räjäyttäneet pommin pariisilaisen rautatieaseman kahvilassa kostaakseen toverinsa teloituksen.

Mutta miksi Greenwichin observatorio?

Muualla Euroopassa anarkistien hyökkäysten kohteet olivat olleet suuria ja näyttäviä paikkoja, joissa kokoontui paljon tai tärkeitä ihmisiä: ravintoloita, rautatieasemia, oopperataloja. Greenwichin observatorio ei ollut edes avoinna yleisölle. Sanomalehdet spekuloivat asialla kuukausikaupalla.

Tapahtumasta kehiteltiin lukuisia teorioita, niin poliittisia kuin fiktiivisiäkin – vielä vuosia myöhemmin Joseph Conrad käytti aihetta romaanissaan ja se innoitti Hitchcockia elokuvantekoon, väitetäänpä jopa amerikkalaisen Unabomberin saaneen siitä vaikutteita.

Bourdinin kantama pommi oli lisäksi niin pieni, että se ei olisi saanut itse rakennuksessa kovin suurta tuhoa aikaan. Yhden teorian mukaan sen kohteena olikin saattanut olla koko rakennuksen sijasta vain observatorion portilla oleva 24-tunnin kello.

Paitsi, että tuo kello osoitti kaikelle kansalle Greenwichin virallista aikaa, se oli samalla brittiläisen imperialismin ikoninen symboli. Ranskalaisethan määrittelivät maailman edelleen suhteessa Pariisiin.

Millenium Domen avajaisjuhlaa 31.12.1999 eivät kuitenkaan uhanneet terroristit. Siitä tuli katastrofi aivan muusta syystä.

Kutsuvieraina oli tuhansia VIPpejä, lehtimiehiä ja sponsoriyritysten johtajia ja heidät oli tarkoitus tuoda juhlapaikalle erikoisjunalla Stratfordin asemalta. Turvatarkastukset olivat kuitenkin niin perusteellisia – tai vain huonosti organisoituja – että he joutuivat jonottamaan juhlahepenissään yli tunnin aseman ulkopuolella jäätävässä viimassa. Kun juhlallisuudet virallisesti avaamaan kutsuttu kuningatar Elisabeth II saapui paikalle (hänet tuotiin laivalla) hän astui lähes tyhjään halliin. Juna ei ollut vielä päässyt perille.

Jo etukäteen suureen ääneen hehkutettu avajaisnäyttely *The Millenium Experience* ei onnistunut paljon tätä paremmin.

Näyttely oli jaettu 14 alueeseen ja ne puolestaan ryhmitelty kolmeksi kokonaisuudeksi. Ryhmään "Keitä me olemme" kuuluivat näyttelyt: Keho, Mieli, Usko ja Omakuva. Ryhmään "Mitä me teemme" kuuluivat: Työ, Oppiminen, Lepo, Leikki, Puhe, Raha ja Matkustaminen. Kolmas ryhmä oli nimetty "Missä me elämme" ja siihen kuuluivat osastot nimeltä Yhteinen maaperä, Elävä saari ja Kotiplaneetta. Jokaisella näyttelyllä oli oma kaupallinen sponsorinsa.

Näyttelyä rakennettaessa jouduttiin tekemään niin paljon kompromisseja, että lopulta kukaan ei ollut tyytyväinen. Autonvalmistaja Fordin sponsoroiman Matkustus-näyttelyn viereen oli sijoitettu ympäristönsuojeluaiheinen Elävä saari, jossa kritisoitiin liikenteen hiilidioksidipäästöjä. Sen kruununa valtaisan jätevuoren päällä keikkui kaksi ruosteista autonrämää – kaiken lisäksi ne olivat kuplavolkkari ja mini.

Tyytyväisiä eivät olleet edes kävijät. Hekin joutuivat seisomaan ikuisuuksia jonoissa. Pilalehti *Private Eye* kommentoi, että Keho-näyttelyyn sisäänpääsy oli "perseestä".

Juhlanäyttely floppasi pahasti ja seuraavakin herätti kiinnostusta aivan muusta syystä. Siinä oli nimittäin esillä miljoonien arvosta timantteja ja poliisi onnistui viime hetkellä paljastamaan ja estämään niiden ryöstöyrityksen. Se olisi toteutuessaan ollut yksi Britannian suurimmista ryöstöistä.

Suurhanke Millenium Dome osoittautui lopulta täydelliseksi taloudelliseksi katastrofiksi ja rakennus suljettiin jo vuoden kuluttua avaamisesta.

Boris Johnson, joka siihen aikaan oli *Daily Telegraph*in kolumnisti, oli aiemmin sanonut syövänsä hattunsa, jollei se olisi suuri menestys. Nyt hän ehdotti koko rakennelman räjäyttämistä ilmaan ja peräänkuulutti vastuuhenkilöiltä anteeksipyyntöä.

Sitä ehdotettiin purettavaksi ja yritettiin huutokaupata. Tyhjänäkin sen ylläpito maksoi miljoona puntaa kuukaudessa.

Lopulta sen osti vuonna 2005 puhelinoperaattori O2, ja nykyisin se toimii tapahtumakeskuksena nimellä O2 Arena.

Vuoden 2012 Lontoon Olympialaisten aikaan tilassa järjestettiin taitovoimistelukilpailut ja siellä pelattiin myös koripallon loppuottelu. Koska O2 ei kuitenkaan ollut kisojen virallinen sponsori, rakennus piti nimetä siksi aikaa North Greenwich Arenaksi. Kisojen jälkeen nimi muutettiin jälleen takaisin.

Tänään O2 Arena on puuhamaa, jossa on konserttisalin lisäksi ravintoloita, tehtaanmyymälöitä, elokuvateattereita ja kaikenlaisia pelihalleja. Tarjolla on myös Selfie Factory, jossa voi sisäänpääsymaksua vastaan ottaa tunnin ajan kuvia itsestään erilaisissa tiloissa. Mainoksen mukaan "lähtiessäsi sinulla on vaikka kuinka paljon uskomattomia kuvia, joita voit ladata eri medioihin viikkojen ajan".

Useimmat Greenwichissä kävijät haluavat kuitenkin edelleen ottaa sen selfien itsestään observatorion portilla olevalla nollameridiaaniviivalla, jalka kummallakin pallonpuoliskolla.

Sitä ei voi ottaa missään muualla.

HIMALAJA

TUHANSIEN UNELMA JA
SATOJEN VIIMEINEN LEPOSIJA

Elokuussa 1995 uutinen oli kaikkialla maailman mediassa: kuusi kiipeilijää oli kuollut lumimyrskyssä Himalajalla. Yksi heistä oli vähän yli kolmekymppinen englantilainen perheenäiti, Alison Hargreaves.

Hänen oli ollut tarkoitus kiivetä sen kesän aikana kaikille kolmelle Himalajan korkeimmalle huipulle. Kukaan ei ollut vielä suoriutunut niistä kaikista saman kauden aikana, eikä yksikään nainen ollut ylipäätään vielä kiivennyt Kangchenjungalle.

Everestin hän oli jo valloittanut, ja päässyt K2:nkin huipulle. Hänen ollessaan jo laskeutumassa sieltä alas oli iskenyt myrsky, rajuna ja yllättäen niin kuin se usein Himalajalla iskee. Tuuli oli puhaltanut hirvittävällä voimalla, temponut kohmeiset sormet irti seinämästä, tarttunut anorakkiin ja tehnyt siitä purjeen.

En tiedä, miksi tämä uutinen vaikutti minuun niin voimakkaasti. Vain siksikö, että kyseessä oli nainen? En enää muista, keitä ne menehtyneet miehet olivat, muistan vain Alison Hargreavesin nimen.

Uutiskohu laantui pian, ainakin Suomen mediassa, hautautui aivan muiden otsikoiden alle. Nimi Alison Hargreaves kuitenkin jäi kummittelemaan mieleeni.

Oli keskipäivä, 13. toukokuuta vuonna 1995. Nainen oli herännyt teltassaan jo ennen kolmea, mutta ilma oli ollut jäätävä.

Vähän vaille viisi hän oli lopulta lähtenyt matkaan, oli kiivennyt seitsemän tuntia.

Nyt hän oli Mount Everestin huipulla.

Hän oli ensimmäinen nainen, joka oli kiivennyt sinne ilman kantajia ja lisähappea, ja vasta toinen ihminen, joka ylipäätään oli siitä suoriutunut ilman apua.

Hän oli halunnut valloittaa maailman kolme korkeinta huippua. Hänen oli pakko päästä niille kaikille. Hänen oli pakko todistaa, että hän pystyy.

Ei siksi, että hän oli nainen – tai ehkä myös siksi – vaan siksi, että siitä hän oli haaveillut lapsesta saakka.

Alison Hargreavesin vanhemmat olivat molemmat rakastaneet patikointia ja retkeilyä, juuri se oli se yhteinen kipinä joka oli saanut kaksi matematiikan opiskelijaa Oxfordissa ihastumaan toisiinsa. Sitä he harrastivat vielä naimisiin mentyäänkin ja ottivat mukaan kaikki kolme lastaan jo pieninä.

Kahdeksanvuotiaana Alison kiipesi isänsä ja vanhemman sisarensa kanssa Snowdonille, Walesin korkeimmalle huipulle. Koko joukko eksyi sumussa ja päätyi vuoren vaarallisimmalle rinteelle. Tyttöjä ei sekään pelottanut, heistä se oli vain äärettömän hauskaa.

Alisonin ollessa yläasteella paikallisessa koulussa vaihtui rehtori ja uusi alkoi soveltaa A.S. Neillin radikaaleja ja vapaita menetelmiä. Sekä kalliokiipeily että melonta otettiin opetusohjelmaan. Pian Alison oli joka ikinen viikonloppu joko kiipeilemässä tai melomassa, joskus hän teki molempia. Lopulta opettaja sanoi hänelle, että jos hän haluaisi tulla todella hyväksi, hänen pitäisi valita jompikumpi laji ja keskittyä siihen. Alison valitsi kiipeilyn.

Vuonna 1976 koko Hargreavesin perhe lähti lomalle Alpeille, ja Alison kiipesi isänsä kanssa yli 2 000 metrin korkeuteen. Tytär ei olisi millään halunnut lähteä sieltä enää pois, hän kurkki yölläkin junan makuuvaunun ikkunasta nähdäkseen vielä viimeisen vilauksen jylhistä rinteistä.

Alison oli tuolloin 14-vuotias ja hän alkoi lukea kaiken käsiinsä saamansa vuorikiipeilykirjallisuuden. Hän seurasi tarkkaan myös uutisointia Himalajan retkikunnista.

Kesäkuussa 1995 Alison viimein seisoi Everestin huipulla.

Hän kaivoi repustaan kimpun punaisia silkkikukkia ja jätti ne Himalajan korkeimmalla kohdalla olevan tangon juurelle, tuulen pieksemien rukouslippujen viereen. Kääntyi sitten ja lähti laskeutumaan vuorelta takaisin alas.

Päivälleen kolme kuukautta myöhemmin hän menehtyi.

Himalaja ei ole vain maailman korkein vuoristo. Se on paljon enemmän. Se on symboli ihmisten tarpeelle päästä jonnekin korkeammalle, saavuttaa jotakin.

Talvella 2020–21 suomalainen media seurasi yksinpurjehtija Ari Huuselan matkaa maailman ympäri. YLE haastatteli häntä monessa ohjelmassa ja Helsingin Sanomat julkaisi juttuja lähes päivittäin. Vaikka hän oli viikkoja jäljessä voittajasta ja lopulta vihoviimeinen joka maaliin saakka pääsi, tarina ylitti uutiskynnyksen. Suomalainen oli purjehtinut yksin maailman ympäri.

Maailman korkeimpien huippujen valloitus on uutinen.

Maailman ympäri yksin purjehtiminen on uutinen.

Miksi?

Me tavalliset tallaajat haluamme aamukahvimme ääressä lukea ihmisistä, jotka ovat ylittäneet itsensä, rikkoneet rajansa. Uskaltaneet.

Muutama vuosi sitten venäläismies kuoli Suomessa yrittäessään voittaa löylynsietokilpailun.

Toisaalta arjessa ympärillämme vallitsee Janten laki: älä kuvittele olevasi parempi kuin muut.

Sata vuotta ennen Alison Hargreavesin traagista menehtymistä, vuonna 1895, toinen naiskiipeilijä oli lehtien otsikoissa.

Amerikkalainen Annie Smith Peck aiheutti skandaalin kiivettyään Matterhornille pukeutuneena kiipeilykenkiin, pitkään tunikaan ja pitkiin housuihin. Siihen aikaan naisia yhä pidätettiin, jos he esiintyivät julkisesti housuissa. Niinpä vuoren valloituksen sijaista lehdet julkaisivat suuria otsikoita hänen vaatetuksestaan.

Ranskatar Henriette d'Angeville – ensimmäinen nainen, joka kiipesi Mont Blancille ilman apua vuonna 1838 – oli tehnyt sen paksuissa villahameissa ja tavallisissa kengissä, joihin oli isketty nauloja pohjien läpi. Asuun oli kuulunut myös silkkisiä alushameita, silkkinen kasvosuojus ja musta puuhka. Hän itse arvioi, että varustus oli painanut lähes kymmenen kiloa.

Jotkut naiset lähtivät matkaan hameessa, mutta jättivät sen jonkun kivenlohkareen suojaan heti, kun olivat päässeet pois muiden ihmisten näkyviltä. He jatkoivat sen alla piilossa olleissa polvihousuissa tai peräti vain ilman sitä – Gertrude Bell kiipesi Meijen huipulle alusvaatteisillaan.

Mutta Annie oli siis julkeasti palannut kylään saakka housuissa.

Mediakohu laajeni lopulta kiivaaksi julkiseksi keskusteluksi, ja muun muassa *New York Times*issa kiisteltiin siitä, mitä naisten ylipäätään oli soveliasta tehdä.

Uudessa Seelannissa vuonna 1894 naiset olivat jo saaneet äänioikeudenkin, mutta silti naimaton Freda du Faur aiheutti kohun kiivettyään Mount Cookille "ilman esiliinaa" eli kaksin oppaan kanssa, joka oli nuori mies. Seuraavalle nousulleen hän joutui palkkaamaan myös kantajan – kahden nuoren miehen seura oli soveliasta, koska kumpikin vahti toistaan.

Alison Hargreaves ei ollut naimaton. Hänellä oli myös lapsia, mutta hän ei antanut heidänkään pidätellä itseään kiipeämästä – Eigerin huipun Alpeilla Alison oli valloittanut ollessaan kuudennella kuulla raskaana.

Uutisoinnissa Alison Hargreavesin kuolemasta muistettiinkin aina nimenomaisesti mainita, että hän oli perheenäiti, jolta jäi kaksi pientä lasta. Missään ei mainittu, montako lasta samassa onnettomuudessa kuolleilta mieskiipeilijöiltä jäi, saati että heitä olisi paheksuttu sen vuoksi.

Alisonia haukuttiin itsekkääksi ja julkkistoimittaja Nigella Lawson kirjoitti *The Times*issa, että hänen kiipeilyinnostuksensa oli neuroosi ja "todellisuuspakoista itsekeskeisyyttä". Uutiskommentaattori Polly Toynbee puolestaan totesi ärtyneenä: "Mitä ihmeellistä on Alison Hargreravesissa? Hänhän vain käyttäytyi kuin mies."

Vuorikiipeily harrastuksena tuli muotiin Euroopassa, kun romantiikan hengessä alettiin innostua kaikenlaisesta luonnossa liikkumisesta. Useimmat keskieurooppalaiset alpinistikerhot hyväksyivät jäsenikseen naisiakin, mutta konservatiivinen *British Alpine Club* ei. Niinpä brittiläiset naiset alkoivat perustaa omia kerhojaan.

*Ladies' Scottish Climbing Club*in jäseneksi päästäkseen oli kiivettävä neljälle huipulle, jotka olivat vähintään 3 000 jalan (n. 900 m) korkeudessa sekä suorittaa kaksi kalliokiipeilyä ja kaksi kiipeilyä lumessa. Seura perustettiin vuonna 1908 ja vuoden loppuun mennessä siihen oli hyväksytty 14 naista.

Ensimmäisenä tunnettuna naispuolisena kiipeilijänä Alpeilla mainitaan yleensä "neiti Parminter", joka perimätiedon mukaan valloitti 3 000 metriä korkean Mont Buet'n huipun vuonna 1799. Tyypillistä kuitenkin on, että edes hänen etunimeään ei ole kirjattu ylös. Alpeilla kiipeili nimittäin jo kymmenen vuotta aiemmin peräti kolme neiti Parminteriä, sisarukset Elizabeth ja Jane sekä heidän serkkunsa Mary.

Housuillaan pahennusta herättänyt Annie Smith Peck kiinnostui vuorikiipeilystä opiskellessaan Euroopassa. Hän innostui siitä jopa siinä määrin, että jätti vakituisen työnsä opettajana ja ryhtyi ansaitsemaan elantonsa vapaana luennoitsijana ja kirjoittaen artikkeleita matkoistaan ja kiipeilystä. Hän valloitti vuoria Euroopassa ja Yhdysvalloissa, mutta ennen muuta Etelä-Amerikassa. Hänen mukaansa on nimetty Perun korkeimman vuoren Huascaránin pohjoinen huippu Cumbre Aña Peckiksi.

Elämänsä loppupuolella hän oli myös hyvin aktiivinen naisasialiikkeessä, ja kiivettyään vuonna 1911 Perussa Coropuna-vuoren huipulle hän pystytti sinne Perun lipun viereen banderollin, jossa luki "*Votes for Women*", äänioikeus naisille.

Annie Smith Peck jatkoi kiipeilyä niin kauan kuin jaksoi. Hänen viimeinen valloituksensa oli Mount Madison New Hampshiressä – silloin hän oli iältään jo 82.

Suomessakin on (ainakin) yksi tunnettu naiskiipeilijä, Lotta Hintsa. Nyt minua hävettää, että en tiedä hänestä oikeastaan mitään.

Kirjoitan Googleen hakusanaksi hänen nimensä. Saan tulokseksi kasan kuvia ja muutaman YouTube videon, mutta niiden lisäksi vain pari linkkiä.

MTV3 otsikoi juttunsa: "Bikinikuvia maailmankuululle urheilulehdelle tehnyt Lotta Hintsa sai uuden tarjouksen urallaan". Iltalehden klikkiotsikossa sentään sanotaan, että: "Lotta Hintsa on pyrkinyt pääsemään imagostaan eroon".

Tämä imago on kauneuskuningattaren ja somejulkkiksen.

Lotta Hintsa oli vuoden 2013 Miss Suomi ja on tehnyt sen jälkeen mallin töitä. Hänellä on tosin myös kauppatieteiden maisterin paperit, ja alun perin hän oli suunnitellut uraa johdon konsulttina, mutta ne mainitaan vain sivulauseessa, jos siinäkään.

Ensimmäinen vuorikiipeilyyn liittyvä linkki kertoi siitä, että hän oli rakastunut kiipeilyn opettajaansa.

Muistelen kuitenkin, että Helsingin Sanomat seurasi jokin aika sitten hänen kiipeilyretkeään Himalajalla pitkissä artikkeleissa lähes päivittäin. Onneksi pääsen käsiksi niihin lehden arkiston kautta, ja löydän viimein vähän asiallisempaa tietoa. Jutut on julkaistu kesällä 2021.

Lotta Hintsan ja hänen kiipeilyparinsa Don Bowien oli tuolloin tarkoitus lähteä valloittamaan maailman 12. ja 13. korkeimmat vuoret Broad Peak (8 051 metriä) ja Gasherbrum II eli G2 (8 035 metriä), jotka sijaitsevat Pakistanin ja Kiinan rajalla.

Broad Peak oli jäänyt heiltä edellisenä vuonna valloittamatta. Olosuhteet olivat silloin olleet harvinaisen vaikeat ja yritys oli päättynyt siihen, että Bowie sai keuhkokuumeen ja Hintsa keuhkoputkentulehduksen. Pakistanin armeija oli joutunut lennättämään heidät alas vuorelta. G2:stakin he olivat jo ehtineet yrittää aiemmin. Sillä kertaa he kuitenkin olivat menettäneet sääikkunan, kun Bowie oli lähtenyt auttamaan vaikeuksiin joutuneen italialaiskiipeilijän pelastustöissä.

Vuonna 2021 he aloittivat urakkansa Broad Peakiltä, joka sai toimia ohueen ilmanalaan totutteluna.

Lotta Hintsa pääsi 90 nousumetrin päähän huipusta – viimeisen etapin hän kiipesi yhdessä pakistanilaisen köysien fiksaustiimin kanssa, koska Bowie oli joutunut palaamaan leiriin vatsavaivojen vuoksi. Hänkin joutui kuitenkin kääntymään takaisin, koska lunta oli yksinkertaisesti liikaa. Päätös oli oikea, koska vain pari päivää myöhemmin huipulla tapahtui traaginen onnettomuus, jossa menehtyi eteläkorealainen kiipeilijä.

Hintsa ja Bowie suunnittelivat vielä yhtä yritystä, mutta alas palaavat kiipeilijät kertoivat olosuhteiden muuttuvan koko ajan vain vaikeammiksi. Lopulta he joutuivat tekemään raskaan päätöksen luopua yrityksestä tälläkin kertaa.

Kotiin palattuaan Lotta Hintsa sanoi eräässä haastattelussa: ”Loppupeleissä vuorta ei kiinnosta, onko nainen vai mies. Ihminen on aina vähäpätöisempi kuin luonnonvoimat.”

Oliko Alison Hargreavesin nimi siis todellakin jäänyt mieleeni vain siksi, että hän oli nainen?

Mutta ei. Hänen tarinallaan on väliä siksi, että niin moni haaveilee suurista päämääristä, mutta ei koskaan uskalla toteuttaa niitä. Alison Hargreavesin motto oli ollut ”On parempi elää päivä tiikerinä kuin tuhat päivää lampaana”.

Viimeisessä haastattelussaan juuri ennen traagista nousua K2:lle hän sanoi:

"Jos sinulla on kaksi vaihtoehtoa, valitse se vaikeampi. Sillä jos et niin tee, tulet ikuisesti katumaan sitä."

Mount Everestin huipun valloitettuaan Alison Hargreaves lähti yrittämään seuraavaa haastettaan, K2:n huippua. K2 on pari sataa metriä matalampi kuin Everest, mutta jyrkempi ja sille kiipeämistä pidetään vaikeampana.

Se tunnetaan pelkällä kartografisella nimellään – K2 tarkoittaa toista huippua Karakorumin vuorijonossa – koska sillä ei edes ole paikallista nimeä. Se on ollut liian vaikeapääsyinen, jotta kenellekään olisi koskaan tullut tarvetta nimetä sitä. Joskus siitä käytetään tiibetinkielistä nimeä Chogori, mutta sana tarkoittaa yksinkertaisesti "suurta vuorta". Kuuluisa kiipeilijä Reinhold Messner kutsui sitä "Vuorien vuoreksi" ja George Bell "Julmaksi vuoreksi".

Vaikeapääsyisyys johtuu ennen muuta sääoloista. Kaikkialla Himalajalla sää saattaa vaihtua hetkessä kauniista auringonpaisteesta hirvittäväksi lumimyrskyksi, mutta K2:n jyrkkyys tekee nimenomaan sieltä laskeutumisen erityisen vaikeaksi heti, jos tuuli alkaa puhaltaa rajusti. Se ei pääse puhaltamaan vuorten välissä suoraan ja niin se nousee rinteitä ylöspäin ja voimistuu koko ajan noustessaan.

Tälläkään kertaa olosuhteet eivät olleet suotuisat.

Retkikunnat joutuivat palaamaan takaisin kolmosleiristä peräti kahdesti ja nelosleiristäkin kerran. Suurin osa kiipeilijöistä jätti tässä vaiheessa leikin kesken ja perusleiri oli jo lähes autio.

Lopulta oli jäljellä enää yksitoista sitkeintä, ja heistäkin vielä viisi kääntyi takaisin reitin vaikeimmassa kohdassa.

Näihin varovaisiin kuului Everestin ensimmäisen valloittajan Sir Edmund Hillaryn poika Peter, joka piti sääoloja liian arveluttavina.

Kun loppujoukko pääsi perille, sää oli edelleen mitä aurinkoisin.

Alison saavutti huipun kello 6.17 aamulla. Hän seisoi nyt K2:n korkeimmalla kohdalla. Toinen hänen tavoitteistaan oli täytetty. Jäljellä olisi enää kolmas, Kangchenjunga.

Ryhmä lähti pian paluumatkalle, mutta silti myrsky pääsi yllättämään heidät. He eivät olleet ehtineet kovinkaan pitkälle, kun yli 40 metriä sekunnissa puhaltava tuuli iski. Heillä ei ollut valmiiksi kiinnitettyjä köysiä eikä missään ollut minkäänlaista suojaa. Puhuri yksinkertaisesti puhalsi heidät alas vuorelta.

Onnettomuudessa kuoli retkikunnan amerikkalainen johtaja Rob Slater ja uusiseelantilainen Bruce Grant sekä kolme toiseen ryhmään kuulunutta espanjalaista kiipeilijää. Ja Alison Hargreaves.

Häntä ei koskaan löydetty, mutta nelosleiriin jääneet eloonjääneet löysivät laskeutuessaan rinteeltä varusteita, joista yksi oli Alisonin vihreä anorakki, verisenä.

Vain viisi viikkoa tragedian jälkeen BBC ja Pakistanin viranomaiset lennättivät Alisonin aviomiehen Jim Ballardin ja lapset Tomin ja Katen Himalajalle katsomaan paikkaa, jossa Alison oli menehtynyt.

BBC esitti myöhemmin ohjelman, jossa tällä matkalla kuvattujen jaksojen lomassa esitettiin videokuvaa Alisonista itsestään vuorella.

Monet pitivät koko ohjelmaa osoituksena huonosta mausta, mutta varsinkin aviomiehen esiintyminen herätti hämmennystä. Hän näytti suhtautuvan koko tilanteeseen täysin tunteettomasti, kävi vaimonsa jälkeenjääneitä tavaroita läpi kuin olisi ollut ostoksilla kirpputorilla.

Myös hänen kommenttinsa kuolleesta vaimostaan kuulostivat enemmän mainosmiehen kuin surevan puolison lausumilta. Hän sanoi muun muassa: "Ensimmäistä kertaa toiset kiipeilijät joutuvat nyt myöntämään, että paras heistä oli nainen" ja "Kuollessaan hän oli ensimmäinen nainen, joka oli maailman paras kiipeilijä". Aviomies pelasi aivan avoimesti feminismikortilla.

Hän myös vakuutteli koko ajan, että lapset tulevat olemaan ylpeitä äidistään ja aikanaan kyllä ymmärtäisivät – näin tosin myöhemmin kävikin, mutta sen toisteleminen televisiokameroiden edessä vain muutama viikko tragedian jälkeen oli monen mielestä jo liikaa. Lapset olivat silloin vain 6- ja 4-vuotiaat.

Ballard puhui myös paljon ylisentimentaalisilla vertauksilla. Kohtaus, jossa isä osoittaa lapsilleen pientä valkoista pilveä K2:n yläpuolella ja sanoo "Tuo on äiti, joka vilkuttaa teille" sai monen katsojan ennemmin kiusaantumaan kuin kyynelehtimään.

Keskusteluun ilmestyi sana "ahneus". Jim Ballard saattoi olla ahne rahastaessaan vaimonsa traagisella kuolemalla, mutta myös Alison oli ollut omalla tavallaan ahne: hän oli ahnehtinut äärimmäisiä kokemuksia kaiken muun kustannuksella.

Vai oliko syy se?

Alison Hargreavesin ja Jim Ballardin avioliitto ei ollut enää aikoihin ollut mikään idylli – ehkä ei peräti koskaan.

Kiipeily oli se, mikä heitä yhdisti. Jim Ballardilla oli ollut retkeilyvarusteliike paikkakunnalla, jolla Alison kasvoi ja koko Hargreavesin perhe oli sen kanta-asiakkaita. 16-vuotiaana Alison sai sieltä unelmiensa työpaikan viikonloppuapulaisena. Ballardille hän oli myös ihanteellinen työntekijä – hän ei nimittäin halunnut palkkaansa rahana vaan kiipeilyvarusteina.

Kun sisarukset lähtivät vanhempiensa tapaan opiskelemaan ja luomaan akateemista uraa, Alison aloitti oman pienen bisneksen valmistamalla kiipeilyvarusteita. Pian tästä yrityksestä tuli osa Ballardin liiketoimintaa. Heistä tuli nyt yhtiökumppaneita. Vähitellen heistä tuli kumppaneita muutenkin, kun Ballardin aiempi avioliitto hajosi.

18-vuotissyntymäpäivänään Alison muutti asumaan Jim Ballardin luokse – mies oli tuolloin 36.

Alkuun he kiipeilivätkin yhdessä, mutta vähitellen mies keskittyi kokonaan bisneksiinsä ja Alison jatkoi kiipeilyä hänen yhtiökumppaniensa kanssa. Ballardilla oli työnsä puolesta paljon suhteita vuorikiipeilymaailmaan ja hän alkoi toimia vaimonsa managerina.

Kun talouden laskusuhdanne iski heidän liiketoimintaansa, Alisonin kiipeilysaavutuksista alkoi tulla yhä tärkeämpi tulonlähde. Hän kirjoitti niistä juttuja ja kiersi luennoimassa erilaisissa tilaisuuksissa, esiintyi maksua vastaan sponsoriyritysten mainoskampanjoissa.

Taloudellisen tilanteen kiristyessä kiristyi myös Jim Ballardin pinna, ja hän alkoi pahoinpidellä vaimoaan. Ensin vain henkisesti, mutta lopulta myös fyysisesti. Perheväkivalta jatkui lasten syntymienkin jälkeen.

Kiipeilystä tuli nyt Alisonille pakoa kotoa.

1990-luvun alun lamassa yritys meni konkurssiin. Puhelin suljettiin, auto piti myydä eikä heillä ollut enää varaa edes lämmittää taloaan. Lopulta koko talo ulosmitattiin.

Alison ja Jim pakkasivat lapsensa ja maallisen omaisuutensa vanhaan maastoautoon ja ajoivat Alpeille. Perhe asui teltassa leirintäalueella sillä aikaa, kun äiti kiipeili vuorilla. Hänen oli yritettävä yhä hurjempia temppuja päästäkseen otsikoihin ja saadakseen sponsoreita ja sitä kautta tuloja.

Kun Alison lähti ensimmäiselle Everestin yritykselleen – joka ei lopulta onnistunut – perhe oli taas mukana ja asui sen ajan perusleirissä.

Lopulta he muuttivat Skotlantiin kiipeilymaastojen keskelle ja yrittivät aloittaa elämää uudelleen puhtaalta pöydältä.

Alisonin ja Jimin välit huononivat silti yhä edelleen, ja tuolloin vuonna 1995 Alison oli jo vakavasti harkinnut hakevansa eroa.

Kun kuuluisalta vuorikiipeilijä George Malloryltä aikanaan kysyttiin, miksi hän haluaa kiivetä Mount Everestille, hän vastasi: "Koska se on siinä!"

Maailman korkeimmalle huipulle on kiivennyt vuosien aikana yli 10 000 ihmistä ja siellä on kuollut yli 300. Siitä sanotaankin, että se on tuhansien unelma ja satojen viimeinen leposija.

Kuolemanvaara saattaa monelle olla jopa osa vuorikiipeilyn viehätystä. Suomalainen Everestin kolmesti valloittanut kiipeilijä Veikka Gustafsson kertoo hänkin nähneensä uransa alussa riskit positiivisena lisänä. Helsingin Sanomien haastattelussa hän sanoo: "Ajattelin nuorena olevani niin kova kaveri, että muut kuolevat, mutta minä en."

Kiipeilijät saattavat yhä nähdä rotkoihin ja railoihin jääneitä ruumiita matkalla kohti Everestin huippua, mutta sekään ei heitä lannista.

Nykyisin Everestin valloitus on lisäksi entistä helpommin saavutettavissa myös kokemattomille kiipeilijöille, sillä matkanjärjestäjiä tulee koko ajan lisää. Paikalliselle taloudelle se on merkittävä tulonlähde. Kiipeilyoppaina ja varusteiden kantajina toimivat šerpat voivat ansaita yhdestä reissusta moninkertaisesti maan keskimääräisen vuosipalkan verran.

Vaikutukset eivät kuitenkaan ole positiivisia alueen luonnolle. Kiipeilijäryhmät jättävät jälkeensä valtavat määrät roskia. Yksin happipulloja jää röykkiöittäin vuoren rinteille. Lisäksi turistien kysyntä on nostanut monien tuotteiden hinnat tavallisten asukkaiden ulottumattomiin. Varsinkin kananmunat ovat niin suosittua retkimuonaa, ettei paikallisilla ole aikoihin ollut itsellään niihin enää varaa.

Retkikuntien järjestäjien rahanhimo on myös tuonut rinteille kiipeilijöitä, joiden kunto ja kokemus ei oikeasti riitä koitokseen. Pahimmillaan se voi johtaa täysin turhiin kuolemantapauksiin tai ainakin työllistää pelastusmiehistöä tarpeettomasti.

Lievempi haitta ovat ruuhkat. Huipun vaikeat sääolot ovat usein suosiolliset vain lyhyen aikaa ja tällaisen "ikkunan" vallitessa viimeiselle etapille muodostuu keväisin usein pitkiä jonoja, joissa kiipeilijät joutuvat odottamaan vuoroaan jopa tunteja.

Silti, onhan se jotain aivan muuta kuin jonottaa Pariisin Eiffeltornille – lähimarketin kassajonosta puhumattakaan.

Viimeiseksi jääneessä haastattelussa uusiseelantilainen Matt Comeskey kysyi myös Alison Hargreavesiltä tuon kuuluisan kysymyksen: "Miksi Everest?"

Siihen Alison vastasi, että se oli lapsesta saakka ollut hänen mielessään, mutta ei silti koskaan päällimmäisenä.

Alison puhuikin pitkään siitä, että oli alkanut kyllästyä lajin kilpailuhenkisyyteen, joka vain kasvoi vuosi vuodelta. Ilmiötä kutsuttiin piireissä "kasitonnisten keräilyksi", tavoitteena oli kiivetä kaikille yli 8 000 metriä korkeille huipuille. Tiettyyn pisteeseen saakka kilpailu on haastavaa ja motivoivaakin, mutta sitten se alkaa kääntyä itseään vastaan.

Alisonin mielestä laji oli menettänyt sielunsa, Himalajalta oli kadonnut rentous. Huippujen keräilystä oli tullut suurelle yleisölle tarkoitettua viihdettä.

Retkikunnat tarvitsivat sponsoreita. Uutiskynnyksen saattoi ylittää olemalla ensimmäinen britti tai ensimmäinen suomalainen, joka oli valloittanut kaikki kasitonniset. Sitten kun joka maassa oli jo useampi sen saavuttanut, valloitus ei enää ollut uutinen, joka olisi kiinnostanut ketään.

Taas piti keksiä jotain, mitä kukaan ei ollut aiemmin yrittänyt. Piti olla ensimmäinen nainen, ensimmäinen yksin ja ilman apua kiivennyt. Ensimmäinen joka teki sen talvella. Kaikkien aikojen nuorin.

Koko ajan suorituskerroin kävi vaikeammaksi.

Comeskey haastatteli Alison Hargreavesia perusleirissä. Hän kuului itse samaan kiipeilijäryhmään ja hänen tarkoituksenaan oli julkaista haastattelu vain pienessä kiipeilylehdessä houkutellakseen lisää naisia tämän harrastuksen pariin. Hänellä ei ollut mitään aavistusta, että se jäisi Alisonin viimeiseksi ja leviäisi sen vuoksi myös maailman suurimpiin sanomalehtiin.

Se ei ollut mikään ammattitoimittajan kirjoittama artikkeli. Se oli nauhoitus, jolla kaksi innokasta kiipeilijää keskusteli harrastuksestaan.

Yhdeksän päivää myöhemmin Comeskey saapui pakistanilaiseen Skardun kaupunkiin repussaan tämä historiallinen nauhoitus.

Comeskeyn seurassa olivat kiipeilytoverit Peter Hillary ja Kim Logan, jotka hekin olivat lähteneet vielä viimeiselle etapille, mutta olivat viisaasti kääntyneet puolessa välissä takaisin. Comeskey itse oli joutunut jäämään alempaan leiriin vatsavaivojen vuoksi, mikä saattoi koitua hänen pelastuksekseen.

Uutinen tragediasta oli ehtinyt jo levitä maailmalle, ja heitä odottamassa oli valtava joukko median edustajia.

Saman vuosisadan alussa Scottin retkikunta etelänavalle sai yhtä traagisen lopun ja vielä myyttisemmät mittasuhteet. Hänen kuolemansa nähtiin kuitenkin ihmiskunnan yhteisten pyrkimysten symbolina ja brittiläisen imperiumin kunniakkaana saavutuksena.

Alisonin ja hänen kiipeilijäkumppaniensa kuolemat nähtiin yksilöiden suorituksina ja symboleina nimenomaan aikakauden itsekeskeisyydestä.

Helmikuussa 2019 uutisoitiin kahden vuorikiipeilijän kuolemasta Pakistanissa. Se ei sinänsä ollut suuri uutinen, lajin harrastajiahan kuolee vuosittain useita eri rinteillä. Huomiota siinä herättikin se, että toinen uhreista oli Tom Ballard, Alison Hargreavesin poika.

Hän oli ollut italialaisen Daniele Nardin kanssa kiipeämässä Tappajavuoreksi kutsutulle Nanga Parbatille, kun hekin olivat joutuneet sääolojen uhreiksi. Kymmenen päivän jälkeen pelastuspartio luopui etsinnöistä, mutta seuraavana päivänä raportoitiin kahdesta "hahmosta" vuorella. Partio palasi ja kolme päivää myöhemmin löysi molempien kiipeilijöiden ruumiit.

Tom Ballard oli 30, kolme vuotta nuorempi kuin äitinsä kuollessaan.

Vähän ennen Alison Hargreavesin kuolemaa koko perhe oli muuttanut Skotlantiin, ja kun Tom aloitti koulun Fort Williamissa, opettaja kysyi uudelta tulokkaalta, missä tämä oli asunut aiemmin. Tom vastasi totuudenmukaisesti: "Mount Everestin perusleirissä".

Sinä kesänä, jolloin Alison oli kiivennyt kaikki kuusi Alppien legendaarista pohjoisrinnettä, lapset olivat olleet mukana. Mutta Tom oli ollut vasta nelivuotias ja leikkinyt silloin vain hiekkakasassa leirintäalueella. Talvella 2014–15 Tom kuitenkin rikkoi uuden ennätyksen kiipeämällä ne kaikki samat rinteet yhdellä kaudella, nyt talviolosuhteissa.

Hän käytti aina kiipeillessään äitinsä vanhoja jäähakkuja ja säilytti niitä jopa samoissa säiliöissä, joissa Alison oli niitä pitänyt K2:lle kiivetessään.

Nanga Parbat oli Tomin ensimmäinen "kasitonninen".

Olosuhteet olivat hirveät - Tom joutui muun muassa kaivamaan toverinsa teltan esiin lumen alta, jotta tämä ei tukehtuisi. Kaksi paikallista kiipeilijää jätti leikin suosiolla kesken. Mutta Tom piti sitä koulutuksena Himalajan vaikeisiin oloihin. Nardi oli veteraani, joka oli yrittänyt valloittaa tämän vuoren jo neljästi.

Myös isä Jim ja sisar Kate Ballard uskoivat viimeiseen saakka, että Tom, joka oli perinyt äitinsä sisukkuuden, kyllä pystyisi selviämään vaikka kuinka haastavissa olosuhteissa.

Hänkään ei pystynyt.

AMAZONAS

PALJON ON VETTÄ VIRRANNUT

Pikkutyttönä sain maailmalta värikkäitä postikortteja, jotka oli osoitettu Neiti Laila Heinemannille. Viisivuotiaana olin hyvin pollea tuosta tittelistä "neiti".

Jotkut niistä korteista tulivat Amazon-virran varrelta.

Niitä lähetteli vanhin serkkuni, joka oli merimies. Hän työskenteli amerikkalaiselle varustamolle, jonka laivat hakivat lastinsa Amazonin alueelta.

Olen joskus myöhemmin haaveillut matkasta sinne, nimenomaan laivalla. Mutta se on tietysti romanttinen unelma. Serkkuni kuoli nuorena, ja minulle jäi siitä vain pikkulapsen mielikuva.

Kun Amazon nykyään mainitaan uutisissa, kyse on sademetsien tai alueen alkuperäiskansojen kulttuurien uhanalaisuudesta. Kun siitä kirjoitetaan romaaneja tai tehdään elokuvia, ne ovat lähes poikkeuksetta seikkailukertomuksia.

Suhtautuminen siihen on kaikkialla kaksijakoista. Joko sitä romantisoidaan tai politisoidaan. En muista koskaan kuulleeni siitä mitään neutraalia.

Millainen on arkinen Amazonas?

Onko sitä?

Jos sinulta kysytään, mikä on maailman pisin joki, mitä vastaat? Puolet varmaan sanoo Amazon.

Oikea vastaus on Niili.

Lopputulos riippuu kuitenkin käytetystä määritelmästä, eli mistä katsotaan joen alkavan ja mitä tarkalleen pidetään kohtana, jossa se yhtyy mereen. Yleensä Niilin sanotaan olevan pitempi. Vesimäärällä mitattuna Amazon kuitenkin on kiistatta maailman suurin joki.

Uusimpien geologisten tutkimusten mukaan Amazon virtasi alun perin päinvastaiseen suuntaan ja laski Tyyneenmereen. Mutta sitten mannerlaatat törmäsivät toisiinsa rypistäen maankuoren Andien vuoristoksi. Joki joutui etsimään vesimassoilleen toisen reitin ja päätyi laskemaan ne Atlanttiin.

Vielä kauempana muinaisuudessa Amazon ja Kongo -joet ovat muodostaneet yhtenäisen vesistön keskellä Gondwana-mannerta. Se manner halkesi kahtia 80 miljoonaa vuotta sitten.

Mutta se nippelitiedoista, palatkaamme nykyisyyteen.

Kerran elämässä -nimisen matkailusivuston mukaan matkustajalaivojen kyydissä voi seilata pitkin Amazon-virtaa vaikka kokonaisen kuukauden Perun Pucallpasta Belémiin Brasiliassa, mutta lyhyempikin matka on kokemisen arvoinen. Nuhjuiset kaksi- ja kolmikerroksiset matkustajalaivat ovat ikimuistoisin tapa liikkua Amazonin varrella olevien pikkukylien välillä.

Laivoilla on muutama hytti, mutta suurin osa matkustajista yöpyy kannella omissa riippumatoissaan. Sivustolla kerrotaan, että ”laivamatkalla välttämättömiä varusteita ovat riippumatto, korvatulpat sekä oma lautanen”.

Samoilla laivoilla rahdataan myös karjalaumoja – nekin kannella.

Elokuussa 2022 Helsingin Sanomissa oli uutinen, jossa kerrottiin, että "maailman yksinäisin mies" oli kuollut Amazonin sademetsässä.

Hän ei ollut kohdannut toista ihmistä 26 vuoteen.

Mies löydettiin riippumatosta majansa ulkopuolelta ja hän oli peittänyt itsensä höyhenillä ilmeisesti aavistaen kuolevansa. Hänen arvioitiin olleen kuolleena jo pitkälle toista kuukautta.

Amazonin viidakoissa asuu noin 240 alkuperäiskansaa, ja melkein puolet niistä elää ilman yhteyksiä valtaväestöön. Brasiliassa on seitsemän suojelualuetta, joilla eivät saa liikkua muut kuin alkuperäiskansat. Niiden läheisyydessä elävät maanviljelijät kuitenkin haluaisivat raivata nekin maat käyttöönsä ja hyökkäilevät usein kansojen kimppuun. Brasilian populistinen presidentti Jair Bolsonaro on kalastellut ääniä lupaamalla lakkauttaa tämän järjestelmän.

"Maailman yksinäisin mies" kuului Bolivian vastaisella rajaseudulla eläneeseen pieneen kansaan, jonka jäsenet eivät olleet koskaan olleet yhteydessä ulkopuolisiin. Suurin osa heistä tapettiin jo 1970-luvulla. Brasilialaiset maanviljelijät murhasivat viimeiset kuusi muuta eloonjäänyttä vuonna 1996.

Sen jälkeen mies oli elänyt metsässä yksin. Hän metsästi, söi villeinä kasvavia hedelmiä ja viljeli maissia ja maniokkia.

Alkuperäiskansojen asiaa ajavan Survival Internationalin tutkimusjohtaja Fiona Watson kirjoitti: "Kukaan ulkopuolinen ei tiennyt miehen nimeä tai paljon muutakaan hänen kansastaan – ja hänen myötään kansanmurha on nyt saatettu loppuun."

Meille nykyihmisille Amazon ei tuo mieleen vain jokea.

Ensimmäiseksi tulee ehkä ajatelleeksi kreikkalaisten tarujen myyttisiä naissotureita – eikä se ihan väärä mielleyhtymä olekaan.

Alkuperäiskansat hyökkäsivät useaan otteeseen Amazon-virtaa 1500-luvulla tutkimassa olleen Francisco de Orellanan retkikuntaa vastaan, ja monet näistä sotureista olivat naisia. Tästä syystä kapteenin uskotaan nimenneen joen heidän mukaansa.

Jotkut tutkijat tosin väittävät joen nimen olevan peräisin Tupi-heimon kielen sanasta "amassona", joka tarkoittaa "veneiden tuhoajaa".

Tänä päivänä asiaa on enää vaikea todistaa suuntaan tai toiseen.

Nykyään ajattelemme kuitenkin luultavasti ensimmäisenä maailmanlaajuista verkkokauppaa ja mediataloa, joka mainostaa meille massatuotettuja viihdesarjoja ja jonka postimyyntipaketit tukkivat maailman tullit.

Amazon.com nimettiin ensin Cadabraksi, joka oli lyhennys taikasanasta *abracadabra*. Mutta joku huomautti, että se muistutti liikaa englannin kielen sanaa, joka tarkoittaa kalmoa (*cadaver*). Tarinan mukaan omistaja Jeff Bezos jatkoi sen jälkeen sanakirjan selaamista eteenpäin A-kirjaimen kohdalta. Hän päätyi Amazoniin, koska halusi myös yhtiönsä edustavan suurinta (tavara)virtaa maailmassa.

Amazon.comista voi ostaa – ja nykyisin myös striimata – tarinoita, jotka on sijoitettu oikean Amazonin alueen viidakoihin.

Ansiokkaiden dokumenttien ja parin piirretyn lisäksi ne ovat pääasiassa seikkailukertomuksia. Ne taas pohjautuvat usein tositarinoihin.

Ja niitä riittää.

Termi El Dorado (tai Eldorado) on alun perin ollut El Hombre Dorado (kultainen mies) tai El Rey Dorado (kultainen kuningas). Espanjalaiset valloittajat kuvailivat sillä aikanaan Kolumbiassa eläneen Muisca-heimon päällikköä, joka initiaatioriitissään peitti itsensä kultapölyyn ja sukelsi sitten Guatavita-järveen.

Aikojen kuluessa termi kuitenkin lyheni puheessa ja samalla laajeni merkitykseltään tarkoittamaan kokonaista kaupunkia tai peräti valtakuntaa. Taruun sekoittui myöhemmin vielä Uuden Meksikon alueella kerrottu legenda seitsemästä kultaisesta kaupungista. El Doradoa alettiin pitää yhtenä niistä.

Tätä kultakaupunkia lähdettiin etsimään milloin mistäkin päin Etelä-Amerikkaa. Sitä etsivät Gonzalo Pizarro, Francisco de Orellana, Sir Walter Raleigh ja monet, monet muut. Siinä sivussa tuli kartoitettua suuri osa Amazonasin aluetta.

Yksi näistä etsijöistä oli brittiläinen kenraali Percy Fawcett. Hän ei kuitenkaan puhunut El Doradosta, hän kutsui kultakaupunkiaan yksinkertaisesti nimellä kaupunki Z.

Fawcett oli jo armeijaurallaan kiertänyt maailmaa, hän oli palvellut muun muassa Hong Kongissa ja Ceylonilla. Sitten hän alkoi opiskella maanmittausta ja kartografiaa ja sai töitä kartanpiirtäjänä Britannian salaisessa palvelussa Pohjois-Afrikassa.

Etelä-Amerikkaan hän saapui ensimmäisen kerran vuonna 1906. Silloin hän oli saanut Englannin Kuninkaalliselta maantieteelliseltä seuralta tehtäväkseen kartoittaa Bolivian ja Brasilian rajaseutuja. Seuraavan parin kymmenen vuoden aikana hän teki mantereelle useita retkiä. Näiden aikana hän vähitellen kehitteli teoriansa kadonneesta kaupunki Z:sta.

Hän uskoi, että jossakin Mato Grosson alueella Amazoniassa elää korkeakulttuuri, joka on täysin eristyksissä mutta yhä olemassa. Rio de Janeirossa sijaitsevasta kirjastosta hän löysi 1700-luvulta peräisin olevan dokumentin, joka kulkee yksinkertaisesti nimellä käsikirjoitus 512. Sen kirjoittajana pidetään portugalilaista João da Silva Guimarãesia. Hän väittää siinä löytäneensä viidakosta muinaisen kaupungin rauniot. Tekstissä kuvataan yksityiskohtaisesti riemukaaria, patsaita ja temppeliä, joka oli täynnä hieroglyfejä. Kaupungin paikkaa ei kuitenkaan paljasteta.

Percy Fawcett onnistui saamaan lontoolaisen rahoittajaryhmän tukemaan matkaa Brasiliaan etsimään kaupunki Z:aa. Retkikuntaan kuuluivat lisäksi hänen vanhin poikansa Jack sekä tämän hyvä ystävä Raleigh Rimell.

Tässä vaiheessa Fawcett oli jo kuuluisa seikkailija, joka oli osannut hallita julkisuuskuvaansa. Hän oli kertonut villejä tarinoita kohtaamistaan eläimistä, kuten parikymmentä metriä pitkästä anakondasta, jättimäisestä hämähäkistä ja kaksikuonoisesta koirasta.

Koko maailman lehdistö oli nyt valmistautunut seuraamaan hänen matkaansa malttamattomana.

Varsinainen retki alkoi huhtikuussa 1925. Mukanaan kolmikolla oli kaksi brasilialaista työmiestä, kaksi hevosta, kahdeksan muulia ja pari koiraa.

Viimeinen viesti heiltä tuli kuukautta myöhemmin. Sen jälkeen heistä ei enää kuultu mitään.

Kahden vuoden kuluttua Kuninkaallinen maantieteellinen seura julisti virallisesti heidän kadonneen. Lehdistössä tapahtuma nimettiin nopeasti "vuosisadan suurimmaksi tutkimusmatkamysteeriksi".

Sen seurauksena laumoittain ihmisiä lähti Amazonin sademetsiin. Osa heistä lähti pelastamaan Fawcettia, osa etsimään itse kaupunki Z:aa.

Moni heistäkään ei koskaan palannut.

Tarina on synnyttänyt toinen toistaan villimpiä teorioita. Joidenkin mukaan retkikunnan olivat tappaneet paikalliset heimot, toisten mukaan alueen kuminviljelijät. Jotkut taas uskoivat, että he todella olivat löytäneet kultakaupunkinsa ja päättäneet jäädä sinne. Totuutta ei vieläkään tiedä kukaan.

Tästä mysteeristä on tehty parikin elokuvaa. Fawcett on luultavasti ollut myös Indiana Jonesin esikuva, tai ainakin yksi niistä.

Vuonna 1981 Bolivian puolelle Amazonin sademetsiin eksyi israelilainen seikkailija Yossi Ghinsberg.

Hän oli tuolloin 22-vuotias ja vasta päässyt kotimaansa pitkästä varusmiespalveluksesta. Hän janosi vapautta ja seikkailuja. Hän oli ahminut Henri Charrieren menestysteoksen *Papillon,* joka kertoo paosta vankileiriltä Ranskan Guianan viidakossa. Hänkin halusi viidakkokokemuksen.

Hän työskenteli sekalaisissa hommissa ja säästi jokaisen ansaitsemansa pennin päästäkseen Etelä-Amerikkaan. Hän saapui ensin Venezuelaan ja liftasi sieltä Kolumbiaan, jossa tutustui sveitsiläiseen opettajaan Marcus Stammiin. He jatkoivat matkaa yhdessä.

La Pazissa, Boliviassa he tapasivat itävaltalaisen Karl Ruprechterin, joka väitti olevansa geologi ja suunnittelevansa tutkimusmatkaa Amazonasin kartoittamattomille alueille. Hän uskoi löytävänsä kultaa kaukaisesta Tacana-heimon kylästä.

Ghinsberg oli innoissaan. Juuri tätä hän oli tullut etsimään. Kolmikkoon liittyi vielä amerikkalainen valokuvaaja Kevin Gale.

Ruprechter väitti jo käyneensä viidakon keskellä olevassa eristyneessä muinaisessa kylässä, jossa asuvat ihmiset olivat kohdanneet vain muutaman valkoihoisen. Joukko lähti kohti tätä kylää, ensin pitkin Asariamas-jokea ja sitten vuorten yli. Matka oli rankka ja he joutuivat syömään jopa apinoita nälkäänsä. Lopulta voimat heikkenivät niin, että he päättivät palata Asariamasiin.

Pettyivätkö he? Toki.

Luovuttivatko he? Eivät.

Ruprechter suunnitteli nyt purjehtimista lautalla alas Tuichi-jokea.

Kyläläiset auttoivat heitä rakentamaan lautan ja taas olivat miehet matkalla. Kävi kuitenkin ilmi, että reitillä oli vaarallisia koskia ja vesiputouksia, joista ei voisi selvitä minkäänlaisella aluksella. Lisäksi Ruprechter ei edes osannut uida. Joukko riitaantui ja päätti lopulta hajaantua. Ghinsberg ja Gale jatkoivat lautalla eteenpäin, toiset kaksi lähtivät paluumatkalle jalan.

Lautta todellakin ajautui vesiputoukseen. Gale onnistui pelastautumaan rannalle, mutta Ghinsberg syöksyi yli putouksen – ja selvisi siitä. Päästyään lopulta kuivalle maalle hän lähti etsimään kumppaniaan.

Neljän päivän jälkeen hän luovutti ja tajusi olevansa viidakossa ypöyksin.

Paikalliset kalastajat pelastivat Galen. Hän palasi La Paziin ja yritti sieltä käsin järjestää operaatiota etsimään muita kolmea. Kun hän pyysi apua Itävallan konsulaatista, kävi ilmi, että Ruprechter oli itse asiassa Interpolin etsimä rikollinen eikä mikään geologi.

Sillä välin Ghinsberg harhaili sademetsässä yrittäen selvitä hengissä. Onneksi israelilainen sotilaskoulutus oli opettanut hänelle kosolti eloonjäämistaitoja. Alueella oli tulvia, jotka melkein hukuttivat hänet. Kahdesti hän upposi suonsilmäkkeeseenkin. Hänellä ei ollut enää mitään ruokaa jäljellä ja hän yritti syödä kaikkia mahdollisia luonnon antimia. Hän alkoi jo nähdä harhanäkyjä.

Lopulta hän pääsi jälleen joen rantaan, jonne tuupertui. Sieltä Galen paikallisista kyläläisistä organisoima pelastusryhmä hänet löysi. Hän oli viettänyt viidakossa yksin kolme viikkoa.

Sairaalassa hän joutui viettämään kolme kuukautta, mutta toipui.

Ruprechteria ja Stammia ei sen sijaan koskaan löydetty, vaikka heitäkin etsittiin usean partion voimin.

Myös tästä seikkailusta on tehty elokuva, *Jungle*. Siinä Ghinsbergiä esittää Daniel Radcliffe (kyllä, sama mies, joka tunnetaan paremmin roolistaan Harry Potterina).

Uutiskuvat hehkuvat oransseina ja punaisina. Niissä on liekehtivää metsää ja hikisinä raatavia palomiehiä. Tällaisia kuvia on mediassa yhä enemmän, niitä tulee Australiasta ja Kaliforniasta ja Välimeren maista. Kotimaastakin entistä useammin.

Pahimmat tuhot tuli on kuitenkin tehnyt juuri Amazonin alueella. Siellä paloja syttyy nyt myös metsien sisällä eikä vain reunoilla. Jopa kosteikot palavat.

Laittomat maanvaltaajat sytyttävät tulipaloja raivatakseen metsää karjan laidunnusta ja soijaplantaaseja varten. Myös laiton kullankaivuu aiheuttaa metsäkatoa. Lisäksi kullan erottelussa käytettävä elohopea turmelee joet ja kertyy sekä kaloihin että jokien alajuoksulla asuviin ihmisiin.

Kaiken tämän kukkuraksi aluetta on kohdannut viime vuosina ennennäkemätön kuumuus ja kuivuus.

Brasilian vuoden 2019 sademetsäpalot saivat laajaa kansainvälistä huomiota myös päättäjien joukossa, ja vuodesta 2020 toivottiin käännekohtaa maailman metsien suojelulle.

Toisin kävi.

Indonesia ja Malesia ovat onnistuneet vähentämään metsien tuhoutumista uudella politiikalla. Brasilia puolestaan on esimerkki siitä, kuinka nopeasti toimiva metsänsuojeluohjelma voidaan purkaa.

Presidentti Lula da Silvan ensimmäisellä kaudella Amazonin sademetsien tuhoutumiseen puututtiin laajoilla poliittisilla toimilla ja metsäkato väheni merkittävästi. Keinot olivat kovia, esimerkiksi iskuja suoraan laittomien hakkuiden tekijöihin.

Sittemmin monista toimivista suojelutoimista on luovuttu. Presidentti Jair Bolsonaro näki sademetsät ensisijaisesti tulolähteenä ja metsiä tuhoavat viljelijät ja karjankasvattajat äänestäjinä. Alasajo oli kuitenkin alkanut jo hänen edeltäjänsä aikana. Vuonna 2016 trooppisten metsien tuho Amazonin alueella kääntyi taas selvään nousuun ja on sen jälkeen vain kiihtynyt. Bolsonaron hallinnon kolmen ensimmäisen vuoden aikana vuosittainen metsäkato lisääntyi Amazonilla 52 prosenttia verrattuna edelliseen kolmen vuoden jaksoon.

Syksyn 2022 presidentinvaalit olivatkin kohtalonkysymys myös Amazonin sademetsille. Kun haastaja, entinen presidentti Lula da Silva voitti vaalit, Helsingin Sanomat otsikoi jutun ”Myönteinen uutinen Amazonille”. Loppuvuodesta Lula julisti YK:n kansainvälisessä ilmastokokouksessa Sharm-el-Sheikissä Brasilian jälleen sitoutuvan yhteisiin tavoitteisiin ja ryhtyvän konkreettisiin toimiin sademetsien suojelemiseksi.

Yksi Lulan vaalilupauksista oli myös alkuperäiskansaministeriön perustaminen. Ja suurin osa parhaiten säilyneistä alueista on alkuperäiskansojen hallinnassa.

Suomessa on vasta viimeisen sukupolven aikana herätty huolestumaan ilmastoasioista. Amazonin alueen alkuperäiskansat ovat olleet niistä huolissaan jo kauan. Länsimaalaisille ilmastonmuutoksen torjumisessa ja luonnonsuojelussa on pitkälti kyse abstraktista päästölaskennasta, mutta Amazonilla ilmastonmuutos on läsnä jokapäiväisessä arjessa.

Kun tuhotaan sademetsää, tuhotaan myös kokonaisia heimoja.

Aalkukesästä 2022 maailman lehdistö seurasi jälleen katoamistapausta Amazonin viidakoissa. Tällä kertaa kyseessä olivat brittiläinen toimittaja Dom Phillips ja alkuperäiskansojen asiantuntija Bruno Pereira.

He katosivat matkalla Jaburu-järvelle, joka sijaitsee lähellä Brasilian ja Perun rajaa.

Phillips oli asunut jo pitkään Brasiliassa ja kirjoittanut juttuja useisiin suuriin brittiläisiin ja amerikkalaisiin sanomalehtiin. Pereira puolestaan työskenteli järjestössä, joka yrittää suojella alkuperäiskansojen elinoloja ulkopuolisilta. Sillä matkalla Phillips oli kirjoittamassa kirjaa kestävästä kehityksestä Amazonin alueella ja Pereira toimi hänen oppaanaan.

Parin viikon kuluttua etsintäryhmät löysivät alueelta ihmisten jäännöksiä. Ruumiit oli sidottu puuhun lähellä jokea. Oikeuslääketieteellinen tutkimus vahvisti, että kyseessä olivat Phillips ja Pereira. Molemmat miehet oli ammuttu.

Syyllisinä pidätettiin kolme kalastajaa. Poliisi väitti, että epäillyt olivat toimineet yksin.

Paikallinen alkuperäiskansojen ryhmä Univaja ei kuitenkaan uskonut tätä väitettä. He kertoivat, että Javarin laaksossa toimii järjestäytynyt rikollisryhmä sekä laittomia metsästäjiä ja kalastajia. Silloinen presidentti Bolsonaro – jota Phillips oli edellisenä vuonna haastatellut tiukoilla kysymyksillä ympäristölakien heikentämisestä – puolestaan kommentoi, että miehet olivat olleet "seikkailulla, jota ei voi suositella".

En vieläkään ole saanut vastausta siihen, millainen on Amazonin alueen arki.

Onko se todellakin päivittäistä taistelua, jonka osapuolina ovat alkuperäiskansat, riistoviljelijät ja poliitikot? Taistelua luontoa vastaan ja sen puolesta? Taistelua eloonjäämisestä?

Vai onko se myös leppoisaa lipumista alas virtaa jokilaivan kannella?

Sitten luukusta putoaa Helsingin Sanomien kuukausiliite, jonka pääjuttu kertoo Amazonin sademetsistä.

Toimittaja kirjoittaa, että sikäläinen arki "näyttää suomalaisen toimistotyöläisen silmiin käytännönläheiseltä ja rennolta. Käydään kalassa. Tehdään kotitöitä. Osallistutaan talkoisiin. Aikataulut sovitaan suurpiirteisesti." Haastateltava itse kuvailee, että se muistuttaa paljon suomalaista mökkielämää. Eletään yksinkertaisesti, nautitaan luonnosta ja kerätään sen antimia.

Hän on kasvanut puoliksi Amazonin sademetsissä ja puoliksi Paraisilla. Kun hän luennoi kulttuurien eroista, hän tietää mistä puhuu. Hän kertoo, että alkuperäiskansojen elämä vaatii paljon työtä ja osaamista, mutta luonnosta otetaan vain välttämättömin, jotta se pysyy elinkelpoisena.

Hänen omasta arjestaan suurin osa menee kuitenkin ilmastoasioista ja sademetsien suojelusta kampanjoimiseen. Kaivos- ja öljy-yhtiöt ovat jo monta kymmentä vuotta yrittäneet tunkeutua väkisin tällekin alueelle.

Haastateltava on suomalais-ecuadorilainen Helena Gualinga. Maailman talousfoorumi on listannut hänet yhdeksi maailman yhdestätoista tärkeimmästä ilmastovaikuttajasta. Hänet tunnetaan joka puolella maailmaa – paljon paremmin kuin Suomessa.

Ja niin, se arki.

Se on siis sekä leppoisaa, että jatkuvaa eloonjäämistaistelua.

GALAPAGOS

EEDEN ETELÄMERELLÄ

Yksi lempikirjailijani Kurt Vonnegutin viimeisistä romaaneista on nimeltään Galapagos. Se kertoo pienen ihmisjoukon päätymisestä Galapagossaarille länsimaisen järjestäytyneen yhteiskunnan tuhouduttua. Seuraavien miljoonan vuoden kuluessa näiden viimeisten ihmisten jälkeläisistä kehittyy luonnonvalinnan seurauksena jonkinlaisia hylkeitä, jotka makailevat raukeina auringossa saaren laavarannoilla.

Onko se dystopia vai utopia?

Sata vuotta sitten Galapagossaaret olivat monille utopia.

Galapagossaarista tulevat ensimmäiseksi mieleen jättiläiskilpikonnat ja sitten Charles Darwin ja hänen peipponsa. Kaikki se, mitä koulussa piti luonnontiedon tunnilla päntätä.

Beagle-alus ankkuroi Galapagossaarille syyskuussa 1835 paluumatkalla Tyyneltämereltä. Sillä aikaa kun upseerit kartoittivat aluetta, Darwin keräsi sieltä geologisia ja biologisia näytteitä. Hänkin tosin tajusi löytöjensä merkityksen vasta myöhemmin vertaillessaan eri saarilta kokoamiaan yksilöitä. Hän hämmästyi niiden erilaisuutta ja tämä hämmästys johti lopulta teoriaan lajien synnystä.

Darwinin *Lajien synnyn* ilmestymisen jälkeen moni luonnontieteilijä on halunnut päästä paikan päälle tekemään omia tutkimuksiaan.

Vuonna 1923 amerikkalainen William Beebe onnistui houkuttelemaan monimiljonääri Harrison Williamsin rahoittamaan matkan Galapagossaarille.

Beebe oli alun perin erikoistunut lintujen tutkimiseen ja myöhemmin hänestä tuli myös tunnettu meribiologi. Hän oli aiemmin tehnyt matkojaan New Yorkin eläintieteellisen seuran kustannuksella ja kirjoittanut runsaasti artikkeleita sekä akateemisiin että yleistajuisempiin lehtiin. Häntä pidetään yhtenä ekologian edelläkävijöistä sekä maailman ensimmäisistä luonnonsuojelun puolestapuhujista.

Galapagos-retkikuntaan kuului useita tiedemiehiä, jotka olivat työskennelleet Beeben kanssa aiemminkin, sekä useita taiteilijoita, muun muassa merimaalari Harry Hoffman.

Vaikka kyseessä oli puhtaasti tieteellinen tutkimusretki, Beebe oli aina halunnut popularisoida tiedettä myös suurelle yleisölle. Hänen matkasta kirjoittamansa kirja *Galapagos : World's End* oli niin lennokas, että siitä tuli saman tien bestseller. Se oli *New York Times*in kymmenen myydyimmän kirjan listalla useiden kuukausien ajan.

Sitä pidetään suurimpana syyllisenä 1920-luvulla Euroopassa syntyneeseen Galapagos-kuumeeseen.

Galapagossaaret olivat kauan asumattomia. Ei ole olemassa mitään alkuasukasväestöä, vaan saarten muutamat asukkaat ovat kaikki olleet muualta tulleita: haaksirikkoisia, merirosvoja, rangaistusvankeja, utopisteja, erakkoja ja hulluja.

Jokaisella saarista on ainakin kolme virallista nimeä, parhaalla kahdeksan, mikä jo kertoo siitä etteivät ne oikeastaan kuulu kenellekään. Saari, jonka merirosvo Ambrose Cowley risti Charles Islandiksi, on virallisissa ecuadorilaisissa kartoissa Isla Santa Maria – paikalliset asukkaat kutsuvat sitä Floreanaksi.

Itse saariryhmälläkin on monta nimeä. Galapagos oli itse asiassa niistä ensimmäinen – sillä nimellä se ilmestyi maailmankartalle vuonna 1570. Ecuador on myöhemmin alleviivannut omistusoikeuttaan ristimällä saaret Archipelago del Ecuadoriksi. Vuonna 1892 juhlistettiin Kolumbuksen Amerikan löytöretkeä nimeämällä saaret uudelleen Archipelago de Coloniksi. Miksi? Eihän Kolumbus koskaan käynyt lähelläkään niitä, ei edes koko Tyynellämerellä. Se on kuitenkin saariryhmän virallinen nimi yhä tänään.

Merirosvot ja valaanpyytäjät puolestaan tunsivat saaret yleensä nimellä Islas Encantadas, Noidutut saaret. Nimi johtuu siitä, että merivirrat saarten ympärillä ovat arvaamattomia ja saattavat yllättää kokeneemmankin kapteenin.

Kirjailija Herman Melville on valinnut sen nimen 1800-luvun puolivälissä julkaistulle pienoisromaanilleen, joka kertoo hänen omista kokemuksistaan Galapagossaarilla. Siinä hän kuvailee ryhmän suurimman saaren, Abermarlen (eli Isla Isabelan) asujaimistoa seuraavasti:

Ihmisiä	*ei yhtään*
Muurahaiskarhuja	*tuntematon määrä*
Ihmisvihaajia	*tuntematon määrä*
Liskoja	*500 000*
Käärmeitä	*500 000*
Hämähäkkejä	*10 000 000*
Salamantereita	*tuntematon määrä*
Piruja	*tuntematon määrä*
Mikä tekee yhteensä	*11 000 000*

Hän huomauttaa vielä, että oli mahdotonta laskea pahoja henkiä, muurahaiskarhuja, ihmisvihaajia ja salamantereita.

Jättiläiskilpikonnat toki ovat Galapagoksen tunnetuimmat asukkaat – sana *galapago* tarkoittaa nimenomaan saarilla asuvaa jättiläiskilpikonnalajia. Tosin, kumpi tuli ensin, on ratkaisematon muna-kana -kysymys. On epäselvää, nimettiinkö saaret kilpikonnien mukaan vai kilpikonnat saarien.

Muinaiset merimiehet uskoivat, että ne olivat pahojen kommodorien ja kapteenien henkiä, jotka olivat rangaistukseksi joutuneet ikuisesti raahaamaan raskaita kilpiään näillä kuumilla laavarannoilla.

Vuonna 1829 Ecuadorin hallitus alkoi karkottaa saarille rangaistusvankeja, ja näitä siirtoloita ylläpidettiin toista sataa vuotta.

Yhdessä vaiheessa uusi presidentti, joka oli syvällisesti uskonnollinen, päätti ratkaista maan prostituutio-ongelman karkottamalla 300 ilotyttöä Galapagokselle. Miesten ei sallittu muuttaa samalle saarelle. Siellä kävi kuitenkin edelleen laivoja, ja kaupankäynti ilotyttöjen ja merimiesten välillä ei tuottanut ongelmia – ei aikaakaan kun suurin osa heistä oli ostanut itselleen matkan takaisin mantereelle.

Vähitellen saarille alkoi syntyä myös tavallisia siirtokuntia, mutta niidenkin monen historia oli lopulta onneton.

1880-luvulla Ecuadorissa perustettiin yhtiö, *La Compagnia Colonizadora Suizo-Escandinavia*, jonka tarkoituksena oli houkutella sveitsiläisiä ja skandinaaveja asettumaan Galapagossaarille. Hallitus pelkäsi, että Yhdysvallat valtaisi helposti kaukana avomerellä sijaitsevat saaret, koska ne olivat strategisesti oivallisessa paikassa. Maa oli kuitenkin mantereellakin harvaan asuttu, eikä sieltä helposti liiennyt väkeä perustamaan uusia siirtokuntia. Sveitsiläisiä (sic!) ja skandinaaveja pidettiin "kunniallisina ja työteliäinä merimiehinä ja kalastajina" ja näin ollen ihanteellisina siirtolaisina.

Hanke herättikin jonkinasteista kiinnostusta ja vuonna 1886 Ecuadorin hallitukselle esiteltiin jopa nimilista halukkaista maahanmuuttajista. Hallitus kuitenkin vaati, että heidän olisi otettava välittömästi myös Ecuadorin kansalaisuus, mihin tarjokkaat eivät olleet valmiita myöntymään. Niin koko hanke raukesi ja unohtui vuosikymmeniksi.

Helmikuussa 1923 mies nimeltä August F. Christensen esitti kaikille "kunniallisille norjalaisille" kutsun muuttaa asumaan "mahdollisuuksien saarille". Quitossa päiväämässään kirjeessä hän kirjoitti muun muassa, että ecuadorilaisilla on yllin kyllin maata mantereella, jossa on kaakaoplantaaseja ja hopeakaivoksia, ja niinpä he "jättävät valtameressä olevat saarensa niille merenkulkijakansoille, jotka niille ensimmäisenä asettuvat; ja miksi tämä kansa ei siis olisi norjalainen?"

Christensen kuului vanhaan valaanpyytäjäsukuun, ja oli viettänyt pitkiä aikoja Chilessä ja muualla Etelä-Amerikassa tutkien Tyynenmeren rannikon valaskantoja. Norjaan palattuaan hänestä oli tullut Ecuadorin paikallinen konsuli. Tässä virassa hän oli tutustunut vanhaan siirtolaissuunnitelmaan ja innostunut siitä uudelleen.

Seuraavien vuosien aikana Norjassa syntyi useita siirtokuntahankkeita. Monet tosin kuivuivat kokoon jo kauan ennen kuin edes ehdittiin matkaan. Mutta kolme niistä todellakin toteutui.

Ensimmäinen Christensenin kokoama ryhmä lähti Sandefjordin satamasta toukokuussa 1925 laivalla, joka oli nimetty määränpäänsä mukaan *Floreana*ksi. Mukana oli kahdeksantoista miestä, heidän joukossaan kaksi suomalaista. Toinen heistä oli John William Nylander.

Nylander oli kirjailija, joka tunnetaan ennen muuta meriaiheisista tarinoistaan. Hän ehti kuitenkin kokea elämässään paljon muutakin.

Hän oli syntyisin Tammisaaresta, jossa hänen isänsä oli paikallisen reaalikoulun opettaja. Poika lähti jo 15-vuotiaana merille ja suoritti myöhemmin perämiehen tutkinnon.

Sekään ei kuitenkaan riittänyt seikkailuksi ja vuonna 1897 nuori Nylander osallistui Kreikan–Turkin sotaan vapaaehtoisena kreikkalaisten puolella. Ensimmäisen kirjansa hän kirjoitti näistä kokemuksistaan.

Sen jälkeen hän kävi maamieskoulun ja toimikin jonkin aikaa maanviljelijänä Suomessa ja tilanhoitajana Ruotsissa.

Sortovuosien aikana aktivisti hänessä kuitenkin heräsi taas. Hän osallistui muun muassa hankkeeseen, joka suunnitteli pommiattentaattia kenraalikuvernööri Bobrikovia vastaan. Se ei koskaan toteutunut - Eugen Schauman ehti ensin.

Vuonna 1904 hänet vangittiin Suomen aktiivisen vastustuspuolueen jäsenenä. Vapaaksi päästyään hän muutti Norjaan, mutta jatkoi sieltä käsin edelleen vallankumoustoimintaa. Hän kuljetti pienellä purjeveneellä kiellettyä kirjallisuutta Pohjanlahden yli Sundsvallista Närpiöön. Hän toimi myös kapteenina SS John Graftonilla, jolla yritettiin salakuljettaa aseita Suomeen. Laiva kuitenkin ajoi karille Pietarsaaren edustalla ja jouduttiin räjäyttämään lasteineen.

Mentyään naimisiin norjalaisen naisen kanssa hän asettui Oslon lähelle viettämään rauhallisempaa elämää - ainakin joksikin aikaa. Ensimmäisen maailmansodan aikana hän palasi aktivistien toimintaan ja teki tiedusteluretkiä Venäjälle aina Arkangeliin saakka.

1925 hän sitten lähti Christensenin joukon mukana Galapagossaarille.

Hänen ei kuitenkaan ollut tarkoitus muuttaa sinne pysyvästi vaan vain seurata siirtokunnan perustamista ja kirjoittaa siitä.

Kirjaa retkestä ei koskaan syntynyt. Nylander lähti siirtokunnasta pian ja ryhtyi norjalaisen kasvitieteellisen tutkimusretkikunnan kokiksi.

Toinen ryhmä Christensenin kokoamia norjalaissiirtolaisia seurasi *Isabela*ksi nimetyllä laivalla, mutta he pääsivät perille vasta vuotta myöhemmin.

Seuraavana matkaa ryhtyi puuhaamaan yhtiö nimeltä *La Compania de Santa Cruz* – he olivat päättäneet asuttaa Santa Cruzin saaren.

Tämä joukko kohtasi matkalla vieläkin enemmän vastoinkäymisiä. Suurin osa heistä lähti pian omille teilleen, joko muualle Etelä-Amerikkaan tai takaisin Norjaan. Vain neljä miestä päätti lopulta pitää kiinni alkuperäisestä suunnitelmasta.

Galapagos-huuma Norjassa ei silti kuollut. Keväällä 1926 ilmestyi Norjassa kirja nimeltään *Galapagos – maailman ääri*. Sen alaotsikko oli vielä komeampi: *Norjalainen paratiisi Etelä-Amerikan länsirannikolla*. Siitä tuli myyntimenestys ja norjalaisten innostus vain kasvoi.

Kirjan oli julkaissut ja pääosin kirjoittanutkin mies nimeltä Harry Randall. Hänen suunnitelmansa oli vieläkin suurisuuntaisempi kuin aikaisemmat. Christensen oli aikonut asettaa laivansa matkan jälkeen säännölliseen liikenteeseen,

*Floreana*n Galapagokselta mantereelle ja *Isabela*n saarten välille. Randall pani tässäkin paremmaksi: hän aikoi asettaa oman laivansa reitille Galapagokselta suoraan Norjaan! Tästä syystä hän myös palkkasi sille ammattimiehistön. Sen konemestari oli suomalainen ja nimeltään Musikka.

Harry Randallin johtama ryhmä lähti Oslosta syyskuussa 1926. Miehistön lisäksi laivalla oli 78 henkeä, joista 55 oli maksavia osakkaita ja loput heidän perheenjäseniään.

Randallin retkikunta päätyi San Cristobalin saarelle.

Saarta hallitsevien Rogerio Alvaradon ja Manuel Cobos Jr:n kanssa alettiin käydä neuvotteluja siirtokunnan perustamisesta. He lupasivatkin jokaiselle siirtolaiselle 20 hehtaaria maata ja 200 sucren luoton tarvikkeiden hankintaa varten, vapautuksen vuokranmaksusta kahdeksi vuodeksi ja vieläpä mahdollisuuden palkata aputyövoimaa ja kuormajuhtia halvalla. Tarjous kuulosti liian hyvältä ollakseen totta – vasta paljon myöhemmin kävi ilmi, että niin se olikin. Alvarado ei nimittäin omistanut maata, jonka hän näin jalomielisin ehdoin vuokrasi.

Työpöytäni on ikkunan ääressä ja unohdun taas kesken kirjoittamisen katsomaan yli avaran korttelipihan. Ruska alkaa olla jo ohi, vain muutamat pensaista loistavat yhä tumman punaisina.

On lokakuu ja kaikkea tulee taivaalta vaakasuoraan. Tuuli yrittää tempoa parvekkeella olevaa pensasta ruukustaan.

Tällaisina päivinä en lainkaan ihmettele, miksi joku haaveilee elämästä etelämpänä.

Floreanalla olevan siirtokunnan suunnitelmissa oli alun perin ollut pitää karjaa, kalastaa ja viljellä kahvia, tupakkaa ja banaaneja. Myöhemmin toimintaa oli aikomus laajentaa valaanpyyntiin ja säilyketehtaaseen. Siirtokunnan kohtalon kuitenkin ratkaisi eristyneisyys, juomaveden puute ja huono taloudenpito. Siirtolaiset halusivat palata kotiin jo vuoden kuluttua saapumisestaan.

Santa Cruzin siirtokunta näytti alkuun selviävän paremmin. Yhteishenki oli hyvä ja heidän rakentamansa säilyketehdas menestyi. He hankkivat itselleen myös pari hylättyä viljelystilaa vuorilta, jotka nekin osoittautuivat hedelmällisiksi. He kasvattivat muun muassa jukkaa, sokeriruokoa, maissia, papaijaa ja banaaneja. Kuitenkin heilläkin oli vastoinkäymisiä ja keskinäisiä hankaluuksia.

Maanviljelyä kohtasi kuivuus ja samaan aikaan meren antimetkin alkoivat ehtyä. Pienessä siirtokunnassa alkoivat riehua huhut, juorut ja kaikenlaiset vainoharhaiset spekulaatiot. Lopulta päätettiin, että myydään kaikki ja jaetaan siitä saatavat rahat viimeisten siirtolaisten kesken.

Joulukuussa vuonna 1927 yhteysalus lähti saarelta mukanaan lähes kaikki siirtokuntalaiset. Santa Cruzille jäi vain kourallinen sitkeimpiä. Puoli vuotta myöhemmin heihin liittyi joukko norjalaisia San Cristobalilta.

Alkuun myös San Cristobalin siirtokunnan tulevaisuus oli näyttänyt valoisalta, vaikka he itsepäisesti yrittivätkin kasvattaa norjalaisia viljelykasveja. Kalastus oli kuitenkin tuottoisaa, mutta ongelmana oli se, että kukaan heistä ei alun perin ollut sen enempää kalastaja kuin maanviljelijäkään. Muutamat heistä olivat ennakkoluulottomampia ja alkoivat viljellä maata paikalliseen tapaan onnistuen siinä paremmin. Kuitenkaan hekään eivät jaksaneet kuin nelisen vuotta.

Vuosikymmenen lopulla alkuperäisistä 150 norjalaissiirtolaisesta oli Galapagossaarilla jäljellä enää kymmenen.

Niin sanottu utopiakirjallisuus, jossa yritettiin luonnostella ihanteellista yhteiskuntaa, syntyi 1600-luvulla. Useat niistäkin – mm. klassikot Thomas Moren *Utopia* ja Francis Baconin *Nova Atlantis* – on sijoitettu nimenomaan kaukaiselle saarelle tai mantereelle.

1800–1900 -lukujen taitteessa aihe nousi uuteen kukoistukseen, kun Euroopassa alkoi levitä sekä sosialistisia että uskonnollisia aatteita, joiden pohjalta yritettiin luoda aivan uudenlaisia, parempia yhteiskuntia. Kun kaikki oli aloitettava tyhjästä, nämä siirtokunnat haluttiin usein perustaa jonnekin lämpimämmille seuduille, jossa kuviteltiin elannon saamisen olevan helpompaa.

Suomalaiset perustivat niitä tutunoloisten Kanadan ja Australian lisäksi muun muassa Sierra Leoneen, Kuubaan, Dominikaaniseen tasavaltaan, Brasiliaan, Paraguayhin ja Argentiinaan (viimeksi mainitut valtiot yrittivät aktiivisesti houkutella siirtolaisia Euroopasta). Etelämerelle suomalaisia ei kuitenkaan päätynyt, vaikka 1920-luvulla Toivo Uuskallio kaavaili kristillis-vegaanisen yhteisön perustamista Samoan saarille. Suunnitelma kariutui epärealistisena, ja hän perusti lopulta siirtokuntansa Brasilian Penedoon.

Utopiasiirtolaiset kuuluivat pääasiassa kahteen hyvin erilaiseen ryhmään. Osa oli filosofisia idealisteja tai uskonnollisten herätysliikkeiden kannattajia. Toisen ryhmän muodostivat sosialistit, jotka lähtivät pakoon vaikeita taloudellisia ja/tai poliittisia oloja.

Useimmat heistä joutuivat kuitenkin pettymään. Joitakin siirtolaisia jopa huijattiin, toiset eivät vain selviytyneet uusissa oloissa, joissa ilmasto ja viljelykasvitkin olivat täysin outoja.

Teos oli kulunut pokkari, John Trehernen kirjoittama ja nimeltään *The Galapagos Affair*.

Se oli kirjaston palautettujen kärryssä, odottamassa hyllyttämistä omalle paikalleen, josta en varmasti olisi koskaan tullut sitä löytäneeksi. Juuri silloin se tuntui sopivan täydellisesti kaukokaipuun kourissa riutuvaan mielentilaani ja niin lainasin sen.

Kirja kertoo Galapagossaarilla sijainneesta saksalaisesta utopiayhteisöstä ja siihen liittyvästä mystisestä tragediasta.

Saksassa Galapagos-kuumeen pani alulle mies nimeltä Friedrich Ritter.

Hän oli berliiniläinen lääkäri, joka oli kehitellyt omaa filosofista järjestelmäänsä ja uneksi elämästä sen mukaisesti kaukana kaikesta.

Ritterin pikkuporvarillinen vaimo ei näistä unelmista perustanut, mutta hän sai innokkaan opetuslapsen eräästä potilaastaan, Dore Körwinistä. Rouva Körwin oli yhtä lailla kyllästynyt kuivakkaaseen opettajamieheensä ja näki yltiöpäisessä ja itsekeskeisessä Ritterissä unelmiensa sankarin.

Ritteriä ajoi intohimo nietzscheläiseen filosofiaan, johon hän yhdisteli Laotsen taolaisia ajatuksia omalaatuiseksi oppirakennelmaksi. Kukaan ei oikein saanut siitä selkoa, eikä tahtonut edes jaksaa kuunnella hänen loputtomia selostuksiaan – paitsi palvova Dore.

Ajatus autiosta saaresta puolestaan juontanee juurensa lapsuuteen saakka, jolloin Ritter ahmi Robinson Crusoen tarinaa kerran toisensa jälkeen. Tämä paratiisiunelma ankkuroitui Galapagossaarille sen jälkeen, kun hänkin oli saanut käsiinsä William Beeben menestyskirjan.

Doren kanssa hän alkoi nyt kehitellä näistä aineksista konkreettista unelmaa omasta paratiisistaan. Suhde kesti Berliinissä kaksi vuotta, jona aikana rakastavaiset tapasivat päivittäin.

Unelma olisi ehkä kuitenkin jäänyt vain siksi, ikuiseksi unelmaksi, ellei romanttinen Dore olisi tarttunut asioihin. Hän onnistui – niin uskomattomalta kuin se kuulostaakin – järjestämään petetyn rouva Ritterin yhtä lailla katkeran herra Körwinin taloudenhoitajaksi. Ritter sulki lääkärinpraktiikkansa Berliinissä, ja rakastavaiset olivat vapaita lähtemään.

Friedrich Ritter ja Dore – joka alkoi taas käyttää tyttönimeään Strauch – astuivat Amsterdamissa laivaan, joka lähti kohti Etelä-Amerikkaa 3.7.1929.

Kaksi kuukautta myöhemmin heidän matkatavaransa purettiin laivasta Post Office Bayn rannalle Floreanalla.

Post Office Bay on luultavasti maailman vanhin postitoimisto, perustettu jo vuonna 1793.

Kapteeni David Porter kirjoittaa parikymmentä vuotta myöhemmin matkakuvauksessaan *Journal of a Cruise* erään merimiehen palanneen saarelta mukanaan kirje, jonka hän oli ottanut ”laatikosta, joka oli naulattu kiinni mertaan ja jonka yläpuolella oli musta kyltti, johon oli maalattu teksti *Hathaway's Postoffice.*”

Ohi kulkevat laivat poimivat sieltä mukaansa postia ja jättivät puolestaan omat kirjeensä jonkun vastakkaiseen suuntaan matkaavan laivan poimittaviksi. Laivoja lahdessa poikkesi suhteellisen usein, sillä sieltä metsästettiin jättiläiskilpikonnia evääksi pitkille merimatkoille.

Alkuperäinen laatikko on korvattu jo moneen kertaan – tuolloin 1920-luvulla se oli tynnyri.

Sen ympärille on kertynyt aikojen kuluessa myös kaikenlaista muuta tavaraa, lähinnä ajopuita, joihin on kaiverrettu tai maalattu nimiä ja päivämääriä.

Mutta se on yhä vieläkin käytössä. Nyt postinkantajina toimivat turistit. Retkiveneet poikkeavat rannalla usein ja tynnyriin jätetään kotiin lähteviä postikortteja ja poimitaan sieltä mukaan toisten matkailijoiden jättämiä viestejä, jotka ovat menossa jonnekin lähelle omaa kotia. Jotkut peräti vievät näitä kortteja ja kirjeitä perille aivan henkilökohtaisesti.

Floreana oli Ritterin ja Doren saapuessa asumaton. Ensimmäisen yönsä uudet tulokkaat viettivät rannalla olleessa norjalaisten hylkäämässä talossa.

Varsinaista asumustaan he ryhtyivät kuitenkin pian rakentamaan ylös rinteelle, pieneen kraatteriin, jonka keskellä solisi lähde. Tästä oli tuleva se kauan odotettu paratiisi, ja he antoivat sille nimen Friedo, Rauhan Puutarha – nimi oli samalla lyhennys heidän molempien etunimistä. Dore kuitenkin puhui mieluummin Eedenistä ja sillä nimellä paikkaa kutsuttiin myöhemmin monissa lehtijutuissa.

He olivat tuoneet mukanaan paitsi rakennus-, puutarhanhoito- ja kotitaloustarpeita myös siemeniä ja taimia, sillä – kuten niin monet utopistit – he olivat kasvissyöjiä. Ritterillä oli myös tarvikkeita, joiden avulla hän uskoi pystyvänsä hoitamaan kaikki mahdolliset taudit ja vaivat. Vain hammassärkyä vastaan hänellä ei ollut hoitokeinoja saarella. Niinpä siltä välttyäkseen he olivat ennen lähtöään Saksasta poistattaneet kaikki hampaansa ja hankkineet tilalle kestävät tekohampaat – ne oli tehty ruostumattomasta teräksestä. Niitä oli vain yhdet, joten he käyttivät niitä vuorotellen. He olivat myös nudisteja, mistä syystä he eivät pitäneet yllätysvierailuista.

Päivät kuluivat arkisessa aherruksessa. Ritter rakensi, pilkkoi polttopuita ja raivasi maata. Dore hoiti puutarhaa ja kanoja. Töiden jälkeen Ritter työskenteli filosofisten tutkielmiensa parissa tai luki ääneen, kun taas Dore ompeli tai punoi mattoja kuivista banaaninlehdistä. Heillä oli myös pieni kirjasto ja paljon kirjoituspaperia, koska Ritterin oli täällä tarkoitus luoda kuolemattomat filosofiset teoksensa.

Dore sai kuitenkin jo varhain havaita, että elämä puhdasoppisen filosofin kanssa oli kaukana paratiisista. Nietzscheläisenä Ritter piti itseään kaikkea muuta ylempänä – ja naista luonnollisesti itseään alempana. Mutta Dore oli luopunut kaikesta tämän vuoksi, eikä aikonut antaa vähällä periksi. Niin yhteiselo viidakossa jatkui.

Ritter ja Dore saivat postia ensimmäisen kerran toukokuussa, yli puoli vuotta tulonsa jälkeen. Kauhukseen he saivat huomata, että nyt oli Saksassakin puhjennut Galapagos-kuume. Saksalainen lehdistö oli kiinnostuneena seurannut heidän matkaansa ja paisutellut sensaatiojuttuja ”Aatamista ja Eevasta Eedenissä”. Postin joukossa oli 46 kirjettä ventovierailta ihmisiltä, jotka olivat niitä lukeneet.

Sitten lehtijuttujen innoittamia ihmisiä alkoi ilmestyä paikan päälle.

Ensimmäiset tulijat olivat viisi nuorta saksalaismiestä, jotka asettuivat asumaan rinteen puolivälissä olevaan merirosvojen luolaan. Heille tuli kuitenkin pian riitoja keskenään, ja Robinson-elämä loppui alkuunsa.

Seuraavaksi saapui "luontoa rakastava" berliiniläinen naisihminen, joka käytti saarellakin silkkileninkejä, silkkisukkia ja timanttisormuksia. Hän toi mukanaan paitsi alistuneen aviomiehensä myös kokin, papukaijan, koiran, kanin ja lauman apinoita. Hän päätti muitta mutkitta muuttaa Friedoon. Kun Ritter ja Dore eivät sitä sallineet, hän palasi loukkaantuneena Post Office Bayhin ja lähti saarelta vain muutaman päivän kuluttua.

Friedrich ja Dore suostuivat nyt kirjoittamaan itse artikkeleita elämästään toivoen näin lopettavansa sensaatiojutut.

Vieraita saarella alkoi kuitenkin käydä yhä enemmän. Huvijahteja ankkuroi Post Office Bayhin ja toi toinen toistaan varakkaampia turisteja katsomaan paikallista nähtävyyttä, jollainen Friedosta nyt oli tullut.

Näitä vieraita sen asukkaat eivät niinkään panneet pahakseen, koska heillä oli tapana tuoda lahjoja, jotka tulivat usein suureen tarpeeseen.

Elokuussa 1932, kolme vuotta Ritterin ja Doren jälkeen, saapuivat Floreanan seuraavat pysyvät asukkaat. He olivat saksalainen Wittmerin perhe.

Heinz Wittmer oli jo keski-ikäinen. Margret Wittmer oli hänen toinen vaimonsa ja oli saarelle tullessaan viidennellä kuulla raskaana. Heidän mukanaan tuli myös Harry, Heinzin 12-vuotias poika ensimmäisestä avioliitosta.

Hekin olivat innokkaina lukeneet lehtiartikkeleita elämästä Friedossa, mutta suhtautuivat hankkeeseensa realistisesti. Margret Wittmer ilmaisee asian muistelmissaan sanoen: "Meillä oli eri syyt tulla Floreanalle kuin tohtori Ritterillä. Me haluamme olla vain yksinkertaisia siirtolaisia eikä meidän varusteinamme ole Laotse eikä Nietzsche, vaan sinnikkyys ja halu tehdä työtä."

Heti ensi tapaamisen jälkeen Wittmerit päättivät olla tunkeilematta ja pitää etäisyyttä Friedoon. Tämä päätös osoittautui ajan mittaan erittäin järkeväksi. Naapurusten välit pysyivät viileinä mutta asiallisina.

Muutama kuukausi Wittmerien jälkeen Floreanalle saapui omalaatuinen joukko, nainen ja kolme miestä, hekin Friedon legendan houkuttelemina.

Nainen oli syntyjään itävaltalainen, mutta oli asunut viimeksi Pariisissa. Hän ilmoitti nimekseen paronitar Eloise Wehrborn Wagner de Bosquet, ja pian hänet tunnettiin vain Paronittarena.

Koskaan ei selvinnyt, oliko hän todella paronitar, sillä hänen kertomuksensa kävivät päivä päivältä yhä mielikuvituksellisemmiksi ja eri henkilöille hän kertoi niistä erilaisia versioita. Yhden tarinan mukaan hän oli ollut sodan aikana vakoilija ja työskennellyt tanssijana Konstantinopolissa. Siellä hän oli tutustunut ranskalaiseen lentäjään, jonka kanssa hän oli mennyt naimisiin. Toisen version mukaan hänen miehensä oli ollut ilmavoimien upseeri, jonka hän oli tavannut Syyriassa, missä hänen isänsä oli valvonut Bagdadin rautatien rakentamista. Hän väitti olevansa sukua sekä säveltäjä Richard Wagnerille että myös Franz Lisztille.

Hänen mukanaan tulleista kolmesta miehestä yksi oli ecuadorilainen ja toimi ilmeisesti jonkinlaisena renkinä. Hän lähti saarelta hyvin pian. Kaksi muuta, Rudolf Lorenz ja Robert Philippson, olivat molemmat saksalaisia ja molemmat paronittaren rakastajia.

Heti alusta pitäen Paronitar oikutteli, kiukutteli ja kylvi tahallisesti eripuraa saarelaisten välille.

Mutta hän oli tullut jäädäkseen. Suurissa lehtijutuissa hän julisti aikovansa rakennuttaa Floreanalle luksushotellin amerikkalaisia miljonäärejä varten. Ecuadorilaiset odottivat innokkaina "uutta Miamia". Hänen Hacienda Paradisostaan ei kuitenkaan tullut kummempi kuin valtava aaltopeltihökkeli. Jutut olivat olevinaan reportaaseja, mutta paljastuivat useimmiten hänen itsensä kirjoittamiksi.

Näiden kertomusten innoittamana maailman skandaalilehdistö sai kaikista saaren asukkaista jutunjuurta vuosiksi eteenpäin. Muilla oli täysi työ yrittää oikaista niitä, niin hyvässä kuin pahassakin. Huhut kasvoivat kasvamistaan ja todelliset tapahtumat muuttuivat nekin matkan varrella tunnistamattomiksi. Villein versio, jonka muut saivat lukeakseen, kertoi "Floreanan keisarinnasta", jolla oli saarella kahdentoista aatelismiehen hovi, ja joka oli ottanut tohtori Ritterin vangikseen ja piti tätä kahleissa.

Sitten eräänä päivänä Paronitar ilmestyi yllättäen naapureidensa portille ja ilmoitti aivan arkisesti lähtevänsä saarelta. Hän kertoi, että rannassa oli huvijahti, joka oli luvannut ottaa hänet ja Philippsonin mukaansa Tahitille. Tässä vaiheessa kukaan ei enää ottanut hänen puheitaan todesta. Mutta pian kävi ilmi, että Hacienda Paradiso oli todellakin jäänyt tyhjilleen.

Lorenz – joka oli jo ennen tätä joutunut epäsuosioon ja paennut Friedoon – sai taivuteltua norjalaisen kalastajan viemään itsensä San Cristobalille, josta yhteysalus oli lähdössä mantereelle. He kuitenkin haaksirikkoutuivat myrskyssä. Heidän nälkään nääntyneet ruumiinsa löydettiin erään pikkusaaren rannalta vasta paljon myöhemmin.

Paronittaresta ja Philippsonista sen sijaan ei koskaan enää kuultu mitään, ei Galapagossaarilla eikä Tahitilla sen enempää kuin Euroopassakaan. He katosivat jäljettömiin.

Elämä Eedenissä ei silti palannut paratiisilliseksi.

Friedrichin ja Doren välit hiersivät nyt pahasti. Dore kuitenkin uskotteli ulkopuolisille – ja ilmeisesti myös itselleen – että kaikki oli hyvin, ja kirjoitti lehtijutuissaan ja kirjeissään elämän onnellisesta harmoniasta. Margret Wittmer puolestaan tiesi kertoa lukuisista repivistä riidoista Friedossa.

Marraskuussa 1934 Ritter yllättäen kuoli rajuun ruokamyrkytykseen. Kuukautta myöhemmin Dore Strauch lähti saarelta.

Näin sekä ”Eedenin Aatamin ja Eevan” että ”Viidakon kuningattaren” kohutarinat päättyivät onnettomasti – jäljelle jäivät vain käytännölliset ja vaatimattomat Wittmerit.

He olivat saarille sopeutunutta lajia.

Margret Wittmer kävi Saksassa 1930-luvulla rahoittaen matkansa kertomalla Floreanan tarinaa lehdille. Hän oli onnellinen tavatessaan sukulaisiaan, mutta hetkeäkään häntä ei houkutellut jäädä silloiseen natsi-Saksaan. Siihen verrattuna Floreana oli yhä paratiisi.

Harry Wittmer hukkui nuorena, mutta saarella syntyneet Rolf ja Ingeborg Wittmer menivät naimisiin paikallisten kanssa. He avasivat pienen hotellin ja ravintolan nimeltä *Pension Wittmer* Puerto Velasco Ibarran kylässä Floreanalla. Margret Wittmer työskenteli siellä viimeiseen saakka ja viihdytti matkailijoita muisteluillaan ja omatekoisella appelsiiniliköörillä. Hän kuoli 96-vuotiaana vuonna 2000.

Vuoden 1934 tapahtumien mysteerit eivät koskaan ratkenneet.

Mitä tapahtui Paronittarelle ja hänen rakastajalleen? Lähtivätkö he todella jonkun jahdin mukana Etelämerelle? Mutta kuinka heistä ei koskaan enää kuultu mitään, vaikka he olivat siihen saakka suorastaan pakonomaisesti levitelleet tarinoita seikkailuistaan? Vai surmasiko Lorenz heidät? Tai ehkä Ritter? Vai tekivätkö he itsemurhan tajutessaan, että unelmasta oli tullut painajainen? (Tämä oli Ritterin teoria.)

Ja kuoliko Ritter itse todella ruokamyrkytykseen, vai myrkyttikö pettynyt Dore hänet tahallaan?

Kysymykset jäävät ikuisesti kiehtomaan ja kiusaamaan ihmisten mielikuvitusta. Lukuisien lehtijuttujen tyrehdyttyä tarina heräsi uudelleen henkiin siinä Trehernen kirjassa, jonka olin kirjastosta löytänyt. Vielä vuonna 2014 tapahtumien pohjalta tehtiin Saksassa puolidokumentaarinen elokuva.

1930-luvun alussa Galapagossaarille alkoi taas muuttaa lisää norjalaisia. Osa tuli suoraan Norjasta, osa oli alkuperäisiä siirtolaisia, jotka palasivat vietettyään välillä muutaman vuoden mantereella. Siirtolaisia saapui nyt myös Saksasta ja Ruotsista, ja vähitellen saarille alkoi muuttaa ecuadorilaisiakin.

Vuonna 1938 Galapagossarilla oli jo niin paljon asukkaita, että valtio perusti sinne armeijan tukikohdan.

Myös Yhdysvallat haikaili edelleen tukikohtaa näille strategisesti keskeisellä paikalla sijaitseville saarille. Yksikään Ecuadorin alati vaihtuvista hallituksista ei kuitenkaan lämmennyt ajatukselle. Sen sijaan he tekivät parikymmentä vuotta myöhemmin erittäin edistyksellisen päätöksen ja julistivat saaret luonnonsuojelualueeksi.

Väkisinkin halu päästä Galapagossaarille on nyt herännyt minussakin. Lehteilen matkatoimistojen esitteitä ja surffailen niiden verkkosivuilla. Otsikot ovat toinen toistaan houkuttelevampia:

> *"Tätä on matka Galapagossaarille – kuin retkiä satukirjasta."*
>
> *"Matka Galapagokselle on jokaisen luonnonystävän unelma."*
>
> *"Etenkin luonto- ja aktiivimatkailijoille matka Galapagokselle on takuulla ainutlaatuinen elämys, jota ei voi kokea missään muualla."*

Argumentit ovat erilaiset, mutta henki yhtä innoittunut kuin niissä sata vuotta vanhoissa kirjoituksissa, joissa houkuteltiin siirtolaisia.

Saarista tehtiin luonnonsuojelualue vuonna 1959 ja heti seuraavalla vuosikymmenellä se alkoi kiinnostaa turisteja.

Alkuun sinne kuitenkin pääsi edelleen vain yksityisillä aluksilla. Vuonna 1969 alkoi Forrest Nelsonin omistama Hotel Galápagos Santa Cruzilla ensimmäisenä järjestää saarille ryhmämatkoja. Pian muut matkanjärjestäjät seurasivat esimerkkiä ja myös kalastajat ryhtyivät muuttamaan veneitään risteilyjahdeiksi. Yhä edelleen Galapagoksen matkoilla yövytään usein laivoilla.

Myöhemmin myös muille saarille alettiin avata pieniä hotelleja ja ravintoloita. Tänä päivänä matkailu on jo merkittävä tulonlähde.

Luonnon kannalta jopa liian merkittävä.

Nykyisin saarille olisi tulossa jo niin paljon turisteja, että heidän pääsyään maihin on pitänyt alkaa rajoittaa. Alue on

UNESCOn maailmanperintökohde ja sen ekosysteemi on äärimmäisen haavoittuvainen.

Autiutta pitää nyt suojella.

TIMBUKTU

KANGASTUKSEN KÄÄNTÖPUOLI

On olemassa kaksi Timbuktua. Toinen niistä on Malin tasavallan, entisen Ranskan Sudanin, Kuudennen Alueen hallinnollinen keskus. - - Ja sitten on mielikuvien Timbuktu – myyttinen kaupunki Mikä-Mikä-maassa, kangastuksen kääntöpuoli, jumalan hylkäämän kolkan perikuva tai vain lattea vitsi.

Näin kirjoitti Bruce Chatwin kirjassaan *Anatomy of restlessness*.

Minullakin meni kauan ennen kuin tajusin, että Timbuktu on todella olemassa. Luulin pitkään, että se on vain fiktiivinen paikka, kuten Shangri-La tai El Dorado. En tosin koskaan kuvitellut sitä miksikään kultamaaksi. Jopa sen mielikuva liittyi kuivaan aavikkoon.

Vaikka nyt tiedänkin Timbuktun tosiaan olevan olemassa, en ole silti koskaan halunnut matkustaa sinne. Ei ole monia paikkoja, jonne en haluaisi matkustaa, mutta jotenkin pidän enemmän Timbuktusta tarunhohtoisena käsitteenä. En halua kokemusta, joka sai Chatwinin toteamaan:

Läpikulkumatkalla se herättää vain kaksi kysymystä: 'Mistä saan seuraavaksi juotavaa?' ja 'Miksi minä ylipäätään olen täällä?'

Aikanaan tarut Timbuktusta kuitenkin kertoivat nimenomaan kullalla päällystetyistä kaduista ja muurien kätkemistä uskomattomista aarteista.

Tämä maine perustuu pääasiassa Leo Africanuksen kuvaukseen vuonna 1550 julkaistussa teoksessa *Descrittione dell'Africa*.

Leo Africanuksesta ei tiedetä paljonkaan. Suurin osa tiedoista perustuu sekalaisiin mainintoihin hänen omissa kirjoituksissaan.

Hän oli alkuperäiseltä nimeltään al Hasan ben Muhammed al-Wazzan al-Fazi – nimen viimeinen osa tarkoittaa miestä, joka on kotoisin Fezistä. Hän oli tosin syntynyt Granadassa, mutta kun kuningas Ferdinand ja kuningatar Isabella palasivat valtaan, he karkottivat kaikki muslimit Espanjasta. Perhe asettui Feziin, Marokkoon. Poika opiskeli paikallisessa yliopistossa ja kierteli – ainakin omien sanojensa mukaan – jo 14-vuotiaana laajalti Afrikassa ja Lähi-Idässä.

Talvella 1509–10 hän matkusti diplomaattina toimineen setänsä mukana Timbuktuun, ja tämä tieto pitää melkoisella varmuudella paikkansa. Pari vuotta myöhemmin hän lienee käynyt kaupungissa toistamiseen, nyt yksityismatkalla.

Myöhemmin hän matkusti Fezin sulttaanin lähettiläänä Istanbuliin, Kairoon ja Assuaniin. Egyptistä hän ilmeisesti ylitti vielä Punaisen meren Arabian puolelle ja teki pyhiinvaelluksen Mekkaan.

Paluumatkalle hän lähti laivalla. Keskellä Välimerta se joutui merirosvojen hyökkäyksen kohteeksi ja kaikki matkustajat vangittiin, myös el Hasan. Yleensä vangitut muslimit vietiin orjiksi, mutta huomattuaan miehen lukeneisuuden kaappaajat päättivätkin antaa hänet lahjaksi paavi Leo X:lle "erittäin oppineena orjana".

Paavi vaikuttui tästä oppineisuudesta ja vapautti hänet. Ehtona oli kuitenkin kääntyminen kristinuskoon. Hän sai uudeksi nimekseen Johannis Leo de Medici, italiaksi Giovanni Leone. Arabiaksi hän ryhtyi käyttämään nimeä Yuhanna al-Asad al-Gharnati, joka kirjaimellisesti tarkoittaa Granadan Johannes Leijonaa.

Hän sai seuraavalta paavilta tehtäväkseen laatia tarkan kuvauksen Afrikasta, joka silloin vielä oli lähes tuntematon maanosa. Tämä kuvaus liitettiin myöhemmin osaksi yllä mainittua Afrikkakirjaa. Siitä puolestaan tuli vuosisatojen ajaksi perusteos, josta eurooppalaiset lukivat eteläisemmän mantereen oloista. Sen myötä hänet alettiin tuntea nimellä Leo Africanus.

Ei siis mikään ihme, että tutkijoilla on ollut vaikeuksia pysyä hänen jäljillään.

Teoksessa tämä Medicien ja Granadan ja Afrikan Leijona kuvaili yksityiskohtaisesti myös "Tombutton" kuninkaan rikkauksia, ja kertoi, että tällä oli muun muassa kultaharkko, joka painoi yli 500 kiloa. Harkko on mainittu monissa muissakin keskiaikaisissa käsikirjoituksissa (ja jokaisessa niistä se oli edellistä painavampi).

Hän tosin kuvasi myös tavallisen kansan asumuksia hyvin yksinkertaisiksi, mutta näihin selostuksiin eivät innokkaat eurooppalaiset kiinnittäneet huomiota. He ahmivat vain yksityiskohtia kuninkaan rikkauksista ja suolakaupalla saatavista satumaisista tuloista.

Britit lähettivät useita retkikuntia näitä rikkauksia etsimään. Yksikään niistä ei palannut kertomaan, mitä perillä todella oli.

Vuonna 1824 Ranskan maantieteellinen seura julisti maksavansa 10 000 frangia ensimmäiselle ei-muslimille, joka käy Timbuktussa ja palaa elävänä takaisin.

Ensimmäinen eurooppalainen, joka pääsi todistettavasti perille Timbuktuun, oli skotlantilainen upseeri ja tutkimusmatkailija Alexander Gordon Laing. Hänkään ei palannut elävänä.

Laing sai vuonna 1822 pestin brittien Afrikan siirtomaa-armeijassa. Hänen asemapaikkansa oli Sierra Leonessa, josta hänet lähetettiin ensin ajamaan orjakauppiaat pois Mandingosta ja Solimanasta ja sitten taistelemaan sodassa Ashanti-valtiota vastaan nykyisen Ghanan alueella.

Hän oli myös kiinnostunut maantieteestä. Sotilasoperaatioiden sivussa hän kartoitti Rokel-joen ja onnistui myös määrittelemään suhteellisen tarkkaan paikan, josta Niger-joki sai alkunsa. Perille sinne hän ei kuitenkaan onnistunut pääsemään.

Palattuaan takaisin Britanniaan hän yritti solmia suhteita ja herättää kiinnostusta päästäkseen lähtemään uudelleen etsimään Niger-joen alkulähdettä ja samalla tietä Timbuktuun. Vuonna 1825 hän onnistui viimein saamaan matkustusluvan ja myös rahoituksen retkelleen.

Hän lähti Englannista helmikuussa ja pysähtyi matkan varrella Tripolissa, jossa meni naimisiin sikäläisen Britannian konsulin tyttären kanssa. Kaksi päivää häiden jälkeen hän kuitenkin oli jo matkalla kohti Timbuktua jättäen vastavihityn nuorikon odottamaan paluutaan.

Laing matkasi halki Saharan autiomaan ja pääsi el Salahiin saakka. Siitä tuli kuitenkin kirjaimellisesti tuskien taival. Hän kärsi kuumeesta ja matkan viimeisellä osuudella hänen retkikuntansa joutui vielä paikallisten tuaregien hyökkäyksen kohteeksi. Hän raportoi saaneensa yli kaksikymmentä puukoniskua ja menettäneensä toisen kätensä. Hänen onnistui silti päästä yksin ja rahattomana Sidi Al Muktariin, jossa hän liittyi toiseen karavaaniin.

Perille Timbuktuun hän saapui 18. elokuuta 1826. Hän kuitenkin kirjoitti kotiin, ettei tuntenut oloaan tervetulleeksi ja aikoi lähteä paluumatkalle jo kolmen päivän kuluttua.

Sen jälkeen hänestä ei enää kuultu mitään.

Hänen oletetaan saaneen surmansa yrittäessään lähteä kaupungista. Saattajat luultavasti tappoivat hänet jo portilla.

Kaksi vuotta myöhemmin ranskalainen René Caillié ilmestyi Pariisiin vaatimaan luvattua palkintosummaa. Hän oli ensimmäinen eurooppalainen, joka myös palasi Timbuktusta.

Hän oli lähtöisin köyhistä oloista ja jäi jo pienenä orvoksi. 16-vuotiaana hän pestautui laivaan, joka purjehti Senegaliin. Hän jäi sinne useiksi kuukausiksi, mutta joutui lopulta henkensä pitimiksi ottamaan pestin uuteen laivaan. Kaksi vuotta myöhemmin hän palasi takaisin Senegaliin, nyt brittiläisen tutkimusretkikunnan mukana.

Sen jälkeen hänkin halusi ryhtyä tutkimusmatkailijaksi.

Kun hän muutaman vuoden kuluttua palasi jälleen Afrikkaan, hänen tarkoituksenaan oli päästä nimenomaan Timbuktuun. Hän suunnitteli onnistuvansa siinä, jos pukeutuisi muslimiksi. Hän valmistautui matkaan huolellisesti viettäen ensin kahdeksan kuukautta Mauritanian eteläosissa asuvan paimentolaisheimon luona. Siellä hän opiskeli sekä arabiaa että islamia.

Varsinaisen matkansa hän aloitti huhtikuussa 1827 Bokésta, joka sijaitsee nykyisessä Guineassa. Tämän maan halki hän matkasi karavaanissa, joka kuljetti kolapähkinöitä.

Sitten hän jatkoi itään kohti Norsunluurannikkoa. Matka oli vaarallinen, koska alueella käytiin heimosotia. Hän pelkäsi myös, että hänet tunnistettaisiin kristityksi, koska siellä oli liikkunut eurooppalaisia tutkimusmatkailijoita aiemminkin. Niistä vaaroista hän selvisi, mutta joutui viettämään peräti viisi kuukautta Tiémέssä kuumetaudin kourissa.

Tammikuussa 1928 hän viimein pääsi Djennéen. Sieltä matka jatkui jokilaivalla, jonka lastina oli kauppatavaran lisäksi kaksikymmentä orjaa.

Huhtikuun 20. päivänä hän oli perillä Timbuktussa.

Hän vietti siellä kaksi viikkoa ennen kuin palasi kamelikaravaanissa halki Saharan Marokkoon ja sieltä Ranskaan noutamaan Ranskan maantieteellisen seuran lupaamaa palkintosummaa.

Hän kuitenkin raportoi, ettei paikassa ollut kuin autiomaata ja kurjannäköisiä, maasta rakennettuja taloja.

Afrikan tähden pelilaudalla Timbuktu on vain yksi isompi etappi muiden joukossa. Sillä ei ole muuta merkitystä kuin se, että siihen voidaan sijoittaa pahvikiekko, jonka saa kääntää maksamalla 100 puntaa (tai heittämällä nopalla silmäluvun 4, 5 tai 6).

Siinä pahvikiekossa saattaa olla topaasi tai smaragdi tai rubiini, joilla ansaitsee rahaa, tai peräti itse Afrikan tähti -timantti, joka pitää sitten onnistua kuljettamaan sieltä pois.

Lapsena monet suomalaiset ovat siis saattaneet käydä Timbuktussa useastikin ja jopa löytää sieltä rikkauksia. Nykyisille lapsille se voi olla vaikeampaa, koska aikamme "herännäiset" ovat halunneet kieltää koko pelin kolonialistisena ja rasistisena.

Miksi?

Siksikö, että valuuttana käytetään puntia? Vai siksi, että yhdessä ympyrässä Saharan autiomaan keskellä vaanivat hyökkääjät ovat beduiineja? Muutenhan pelissä ei missään kohtaa mainita minkä maalaisia tai rotuisia pelaajia vaanivat rosvot ja orjakauppiaat ovat. Paikatkin ovat vain paikannimiä eikä kartalla ole yhtään valtion rajaa.

Vai osaavatko nämä kiihkoilijat ajatella ainoastaan veritimantteja kuullessaan sanat "timantti" ja "Afrikka"?

Myös autourheilun harrastajat saattavat tunnistaa Timbuktun, sillä maailman kuuluisin erämaaralli on kulkenut Timbuktun kautta. Vuosina 1979–2007 se ajettiin Pariisista Senegalin Dakariin.

Rallikuski Ari Vatanen kertoi eräässä radiohaastattelussa, että hänen vaimollaan oli hermostuessaan tapana pyytää häntä häipymään Timbuktuun. Kun hän sitten kyseistä rallia ajaessaan kävi Timbuktussa, hän lähetti aina vaimolleen kortin. Siinä hän kertoi olevansa nyt siellä, minne puoliso oli hänet toivottanut.

Timbuktu asutettiin pysyvästi jo 1100-luvulla – sitä ennen siellä oli ollut vain kausittaista paimentolaisasutusta. Pari sataa vuotta myöhemmin se oli kukoistava kauppapaikka, jonka kautta kulki suolaa, kultaa, norsunluuta ja orjia. Sinne saapui kauppiaita pitkin jokea idästä ja lännestä ja myös pohjois-eteläsuunnassa kulkeneet kamelikaravaanit pysähtyivät siellä.

Malin valtakunta kattoi 1200-luvulla suuren osan koko läntistä Afrikkaa, ja Timbuktu oli pian yksi sen tärkeimmistä kaupungeista. Molempien kulta-aika koettiin kuningas Mansa Musan hallituskaudella vuosina 1307–37.

Mansa Musan arvellaan todellakin olleen rikkain koskaan elänyt ihminen. Chatwin kertoo, että käydessään Kairossa hän antoi arabitovereilleen niin monia kultaisia lahjoja, että kullan hinta romahti hetkellisesti paikallisessa pörssissä.

Timbuktun varsinaiset aarteet olivat kuitenkin henkisiä. Se oli loistonsa päivinä oppineen islamilaisen maailman keskus. Afrikkalaisen sanonnan mukaan ”Suolaa tulee pohjoisesta, kultaa etelästä ja hopeaa valkoisten maasta, mutta Jumalan sanaa ja tiedon helmiä löytyy vain Timbuktusta”.

Sankoren islamilainen yliopisto on maailman ensimmäinen ”musta yliopisto”. Siinä ja sen alaisuudessa toimivissa koraanikouluissa oli parhaimmillaan 25 000 opiskelijaa. 1400-luvulla kaupungin asukkaista peräti neljännes oli jotenkin sidoksissa yliopistoon.

Lukutaito ja kirjat olivat timbuktulaisille myös varakkuuden ja vallan symboleja ja oppineet ryhtyivät hankkimaan niitä kaikkialta. Niistä tuli suolan ja muiden arvokkaiden tuotteiden ohella merkittävä kauppatavara Timbuktun ja muun islamilaisen maailman välillä. Käsikirjoituksia sekä välitettiin että tuotettiin itse.

Toisin kuin sen aikaisissa eurooppalaisissa yliopistoissa, opetus Timbuktussa oli korostetun uskonnollista. Pääpaino oli islamilaisessa laissa, mutta ohjelmaan kuului sen ohella maantiedettä ja tähtitiedettä. Opetusta tukivat valtion sijasta yksityiset perheet ja suvut, jotka myös majoittivat opiskelijoita taloihinsa.

Kun Marokko valtasi Timbuktun vuonna 1591, suurin osa oppineista joutui pakenemaan kaupungista. Muuten heidät olisi vangittu tai jopa tapettu. Käsikirjoituksia kuitenkin piilotettiin kellareihin ja moskeijoiden muureihin, ja niin suuret määrät niistä pelastui.

Koulutusjärjestelmä säilyi aina 1800-luvun lopulle saakka ja siitä tuli vähitellen yleistä perusopetusta. Oppineet vaelsivat laajalti ympäristössä kerjäten ruokansa ja opettaen vastineeksi kansaa.

Joulukuussa 1988 UNESCOn Maailmanperintökomitea hyväksyi listalleen osan Timbuktun historiallisesta keskustasta.

Päätös perustui kolmeen kriteeriin. Ensinnäkin Timbuktun pyhät paikat olivat keskeisessä roolissa islamin levitessä Afrikkaan. Toiseksi Timbuktun moskeijat edustavat Songhain valtakunnan kulttuurin ja oppineisuuden kulta-aikaa. Lisäksi moskeijoiden rakennukset ovat pääosin alkuperäisiä ja ne on toteutettu perinteisin menetelmin.

Malin hallitus oli anonut pääsyä maailmanperintökohteeksi jo kymmenisen vuotta aiemmin, mutta silloin he olivat esittäneet koko Timbuktua. Lopulta listattiin kuitenkin vain kolme moskeijaa sekä 16 hautamuistomerkkiä. Näitä UNESCO sitoutui suojelemaan.

Vuonna 1990 status korotettiin peräti erityissuojelua vaativaksi, koska hiekkamyrskyt uhkasivat rapauttaa rakennukset ja haudata ne alleen. Tämä asema purettiin viisitoista vuotta myöhemmin, mutta palautettiin jälleen vuonna 2012 poliittisten levottomuuksien vuoksi.

Pelkkä status ei kuitenkaan riittänyt niitä suojelemaan.

Vuonna 2013 havahduin siihen, että Timbuktu oli yhtäkkiä kaikkien medioiden uutisotsikoissa.

Kaupunki oli joutunut keskelle konfliktia, jossa olivat vastakkain Ranskan tukema Malin armeija ja hallitusta vastaan taistelevat Pohjois-Malin separatistiliike ja islamistinen Ansar Dine -ryhmä.

Perjantaiaamuna 25. tammikuuta viisitoista jihadistia ryntäsi Ahmed Baba -keskuksen pohjakerroksessa olevaan restaurointitilaan. He keräsivät pöydiltä ja hyllyiltä yli 4 000 vanhaa, kallisarvoista islamilaista käsikirjoitusta ja kantoivat ne ulos pihalle. Siellä he kastelivat ne bensiinillä ja sytyttivät koko kasan tuleen.

Onni onnettomuudessa oli vanha perinne, jossa perheet ja suvut tukivat oppineisuutta. Monet arvokkaista käsikirjoituksista olivat yhä yksityisessä omistuksessa, koska he eivät olleet halunneet luovuttaa aarteitaan hallituksen omistamalle Ahmed Baba Instituutille. Näitä yksityisiä kirjastoja oli yli kolmekymmentä. He tekivät nyt kaikkensa piilottaakseen hallussaan olevat käsikirjoitukset.

Hanketta koordinoi Mamma Haidara -kirjaston johtaja Abdel Kader Haidara, joka käytti siihen myös huomattavan määrän omia varojaan. Hän osti yli kaksi tuhatta lukittavaa metallista säilytysarkkua ja jakoi ne ympäri kaupunkia. Näin hän onnistui salakuljettamaan 350 000 keskiaikaista käsikirjoitusta ulos Timbuktusta ja turvaan.

Käsikirjoitusten lisäksi jihadistit tuhosivat myös suuren määrän maailman kulttuuriperintölistalla olleita mausoleumeja hakaten ne lekoilla palasiksi.

Mutta miksi islamistit halusivat tuhota omaa kulttuuriperintöään?

Ansar Dine -ryhmän johtaja väitti syyn olevan UNESCOn ja maan virallisen hallituksen, joka teki sen kanssa yhteistyötä. Hän julisti, että Timbuktun kulttuuriaarteet olivat *haram*, niin pyhiä, että niitä eivät saisi nähdä ketkään muut kuin asialle vihityt.

Matkalehti *Tuktuk Travel Magazinen* mukaan tänään Timbuktun torilla myydään enää vain happamia appelsiineja ja puhelinkortteja. Kaupungista löytyy muutamia siivoja hotelleja, retkeilymajoja ja ravintoloita, mutta perille pääseminen on edelleen raskasta ja hankalaa.

Artikkeli päättyy kuitenkin toteamukseen:

> *Mikä tekee Timbuktusta ainutlaatuisen eivät ole sen tiiliset ja saviset rakennukset eivätkä sen asukkaat. Taianomaisuus johtuu yksinkertaisesti siitä, että se todellakin on olemassa ja että saatat oikeasti päästä sinne, ja kun olet perillä, tuntuu että jokainen muu paikka maailmassa on kaukana, aivan liian kaukana.*

MANDALAY

KAIPAAT BURMAAN, KAIPAAT HURMAAN

Vuoden 1889 lokakuussa 23-vuotias Rudyard Kipling oli palaamassa kotimaahansa Intiasta. Hän matkusti itäistä reittiä Kaakkois-Aasian, Japanin ja Yhdysvaltojen kautta. Laivan ensimmäiset pysähdyspaikat olivat Rangoon (Yangon) ja Moulmein silloisessa Burmassa (nykyisessä Myanmarissa).

Kotiin palattuaan hän kirjoitti maan inspiroimana yhden kuuluisimmista runoistaan, jonka nimi on *Mandalay*. Tässä kaupungissa hän ei koskaan käynyt.

Legendan mukaan Gautama Buddha vieraili kerran Mandalayn kukkulan pyhällä huipulla. Siellä hän julisti, että hänen kuolemansa 2400-vuotispäivänä alapuolella olevalla tasangolla olisi oleva buddhalainen suurkaupunki.

Kuningas Mindon halusi toteuttaa tämän vanhan ennustuksen, ja niin hän perusti kaupungin kukkulan juurelle. Vuosi oli buddhalaisen ajanlaskun mukaan 2400, länsimaisessa kalenterissa se oli 1857.

Myanmarin aluetta ovat vuosisatojen kuluessa hallinneet eri heimot ja dynastiat, ja jokainen oli perustanut oman pääkaupunkinsa. Tapana oli, että jopa rakennukset siirrettiin aina uuteen paikkaan niin että vanhaan ei jäänyt jäljelle mitään. Niin myös kuningas Mindon purki palatsin edellisessä pääkaupungissa Amarapurassa ja kuljetutti sen norsuilla Mandalayhin. Siellä se sijoitettiin kohtaan, jota ympäröi neljä jokea, ja koko alue linnoitettiin.

Muuritkaan eivät kuitenkaan suojelleet palatsia, kun britit valloittivat sen vuonna 1885 kolmannen burmalaissodan päätteeksi. He karkottivat silloisen kuninkaan Thibawin ja tuhosivat osan vanhasta kaupungista rakentaakseen sinne armeijansa paraatikentän. Kuninkaan palatsista he tekivät kuvernöörin asunnon ja siirtomaahallinnon klubin.

Toisen maailmansodan aikaisissa taisteluissa palatsialue tuhoutui täydellisesti. Itse palatsi on rakennettu uudelleen 1990-luvun lopulla, mutta suurin osa muurien sisällä olevasta alueesta on edelleen armeijan hallussa ja suljettu ulkopuolisilta.

Britit siirsivät hallinnon Rangooniin ja niin Mandalay jäi viimeiseksi kuninkaalliseksi pääkaupungiksi.

Vuonna 2015 hotellihuoneen ikkunasta näkyy leveä katu, jonka toinen haara johtaa kapeaa siltaa pitkin yli junaraiteiden. Sillan alla on asumuksia. Niiden ulkopuolella on sikin sokin säkkejä ja laatikoita, moottoripyöriä ja työntökärryjä ja muovisia huonekaluja. Mies istuu hetekalla, jossa ei ole vuodevaatteita. Kaiteilla roikkuu pyykkejä kuivumassa.

Kaikki on kuumaa ja pölyistä ja meluisaa.

Nykyinen Mandalay on ruma moderni betonikaupunki, joka on rakennettu linnoituksen ulkopuolelle.

Vain yksi alkuperäisistä palatsirakennuksista on säilynyt. Se on se, jossa kuningas Mindon kuoli. Hänen seuraajansa Thibaw uskoi hänen jääneen sinne kummittelemaan ja siirrätti lopulta koko rakennuksen muurien ulkopuolelle. Niin se säästyi sodan hävitykseltä. Nyt siinä toimii Shwenandaw Kyaungin luostari.

Rudyard Kiplingin suurin osa suomalaisista muistaa ennen muuta *Viidakkokirjan* kirjoittajana. Hän on se mies, joka loi Mowglin ja Baloo-karhun ja pahan tiikerin Shere Kahnin (tosin nuorempi polvi saattaa nykyisin luulla, että nekin hahmot ovat Disneyn luomuksia).

Kotimaassaan hänet tunnetaan kuitenkin lehtimiehenä ja ennen muuta runoilijana.

Hän oli 1800- ja 1900-lukujen taitteessa yksi Britannian suosituimmista kirjailijoista ja sai Nobelin kirjallisuuspalkinnon vuonna 1907. Häntä pidetään ainutlaatuisena, joskin ristiriitaisena, siirtomaavallan tuntojen tulkkina.

Burmassa käydessään Kipling oli palaamassa Englantiin Intiasta, jossa oli toiminut seitsemän vuotta lehtimiehenä.

Kun laiva lähestyi Rangoonia, horisonttiin nousi upea näky: korkealla vihreällä kukkulalla kohosi auringossa loistava temppeli, joka ei muistuttanut sen enempää muslimien kuin hindujenkaan pyhättöjä. Se oli Shwedagon, Burman pyhin buddhalainen pagoda. Maihin päästyään hän heti kiipesi tälle temppelialueelle, kärsimättömänä, koska hänellä oli niin vähän aikaa tutustua maahan, joka oli jo tehnyt häneen lähtemättömän vaikutuksen.

Loput ainoasta päivästään Rangoonissa hän kuitenkin vietti brittiläisten upseerien Pegu Clubilla.

Rangoonista lähdettyään laiva poikkesi vielä Burman eteläosissa sijaitsevaan Moulmeiniin – Kiplingille ei koskaan selvinnyt miksi. Sielläkin hän ehti käväistä maissa vain pikaisesti.

Tohtori Verasvami puolestaan kuvaa Mandalayta epämiellyttäväksi kaupungiksi, jonka viisi päätuotetta kaikki alkavat p-kirjaimella: pagodat, paariat, porsaat, papit ja prostituoidut.

Hän on yksi päähenkilöistä toisen tunnetun brittiläisen kirjailijan teoksessa. Tämä kirjailija oli oikeasti käynyt kaupungissa.

Vuosina 1922–27 Intian siirtomaa-alueen sotilaspoliisin palveluksessa työskenteli nuori mies nimeltä Eric Blair asemapaikkanaan Burma. Hän otti myöhemmin kirjailijanimekseen George Orwell.

Vuonna 1934 ilmestynyt kirja *Burmese Days* (suomennettu nimellä *Päivät Burmassa*) oli hänen esikoisteoksensa ja perustui omiin kokemuksiin. Kirja on romaanimuotoinen satiiri kolonialismista.

Se oli niin satiirinen, että sitä ei ensin uskallettu julkaista lainkaan Britanniassa. Ensimmäinen painos ilmestyi Yhdysvalloissa Harper Brothersin kustantamana. Vasta, kun se oli osoittautunut menestykseksi, kirja julkaistiin myös Orwellin kotimaassa.

Siinä ovat jo idullaan samat vallankäytön teemat kuin myöhemmissä romaaneissa *Eläinten vallankumous* ja *Vuonna 1984*. Päähenkilö, puukauppias John Flory ei erityisemmin viihtynyt siirtomaavirkamiesten parissa – niin kuin ei viihtynyt kirjoittaja itsekään – ja kirjan muut keskeiset henkilöt olivatkin paikallisia. Yllä mainittu tohtori Verasvami joutui Floryn kuoleman jälkeen epäsuosioon ja hänet karkotettiin apulaislääkäriksi Mandalayn sairaalaan. Siitä hapan suhtautuminen kaupunkiin. U Po Kyin puolestaan teki kaikkensa päästäkseen siirtomaaisäntien suosioon. Hän oli varasteleva ja hämäräperäinen virkamies, jonka suurin haave oli päästä eurooppalaisten piireihin, kutsua heitä vanhoiksi kamuiksi, *old chap*, pelata heidän klubillaan biljardia ja juoda heidän kanssaan viskiä ja soodaa.

Kirja käännettiin suomeksi vasta vuonna 2021. Syynä tai selityksenä tähän oli, että George Orwellin teosten tekijänoikeudellinen suoja-aika umpeutui edellisenä vuonna. Asialla olikin pienkustantamo.

Toisaalta se käännettiin burmaksikin vasta vuonna 2012 – ja voitti sen vuoden Burman kansallisen kirjallisuuspalkinnon informatiivisen kirjallisuuden kategoriassa.

Mandalay on edelleen Myanmarin buddhalaisuuden keskus.

Kaupungissa ja sen ympäristössä on lukuisia luostareita, joista vaatimattomimmatkin tunnistaa siitä, että pyykkinaruilla ei roiku valkoisia lakanoita eikä kirjavia paitoja. Kaikki pyykki on tumman sahramin punaista. Se on burmalaisten munkkien kaapujen väri.

Buddhalaismunkkien vaatetus on oppisuunnasta riippuen monen väristä, yleisimmin tunnettu lienee kirkas oranssi. Myanmarissa käytetään tiibetiläisten lahkojen suosimaa tummempaa punaista.

Ennen ruoka-aikaa näihin kaapuihin verhoutuneet munkit asettuvat kulhot sylissään jonottamaan annostaan. Pitkä jono kiemurtelee pitkin pölyistä tietä.

Turistit asettuvat vielä sankempana joukkona heidän ympärilleen, kamerat tanassa.

Jonon viimeisenä seisovat pienimmät, alle kymmenvuotiaat. Heidän kaapunsa ovat valkoiset. Juuri he tulevat ikuistetuiksi useimpien ulkomaalaisten lomakuva-albumeihin.

Buddhalaisen perinnetiedon mukaan Gautama Buddhasta tehtiin vain viisi näköispatsasta hänen eläessään. Kaksi näistä on Intiassa, kaksi paratiisissa ja viides sijaitsee Mahamunin temppelissä Mandalayn lounaispuolella.

Se on tosin alun perin valmistettu Arakanissa maan länsirannikolla.

Kerrotaan, että Buddha vieraili Arakanin pääkaupungissa Dhanyawadissa vuonna 554 ennen ajanlaskumme alkua. Kuningas Sanda Thuriya oli syvästi vaikuttunut hänen opetuksistaan ja teetätti hänestä patsaan, jotta ihmiset muistaisivat hänet ikuisesti. Nähtyään lopputuloksen Buddha oli siihen tyytyväinen ja pyhitti sen puhaltamalla henkensä sen päälle. Hän julisti myös, että patsas edustaisi häntä viidentuhannen vuoden ajan.

Myöhemmin pääkaupungin taas kerran vaihtuessa patsas yritettiin siirtää Paganiin, mutta sikäläinen dynastia ei siinä onnistunut. Vasta Konbaung-dynastia vei patsaan vuonna 1784 omaan pääkaupunkiinsa. Patsas oli liian suuri heidänkin siirrettäväkseen, ja niin se paloiteltiin ja koottiin uudelleen uudessa temppelissään.

Mahamunin Buddha-patsas kärsi vaurioita kahdessa tulipalossa. Niistä jälkimmäisessä suurin osa koko temppelistä tuhoutui, mutta itse patsas säästyi. Kaikki palosta pelastettu kulta käytettiin viittaan, joka nykyisin koristaa patsasta, ja sen ympärille rakennettiin uusi temppeli.

Vuonna 1996 silloinen sotilasjuntta ryhtyi korjaamaan rapistunutta pagodaa. Työn aikana havaittiin, että patsaan vatsaan oli ilmestynyt valtava reikä. Sen olivat luultavasti poranneet varkaat, jotka olivat uskoneet patsaan olevan täytetty jalokivillä.

Sotilaskomentaja järjesti tapaamisen alueen luostarien johtavien munkkien kanssa. Tapaaminen järjestettiin yöaikaan ja kesken sen levisi uutinen, että muslimimies oli raiskannut buddhalaisen tytön. Syntyi valtava mellakka, mutta lopulta kävi ilmi, että mitään raiskausta ei ollut tapahtunut. Välikohtaus oli järjestetty, jotta huomio saataisi pois temppelistä.

Vieläkään ei tiedetä, oliko patsaan sisältä varastettu jalokiviä tai oliko niitä ylipäätään siellä ollut.

Pagoda kullattuine patsaineen on kuitenkin edelleen suosittu pyhiinvaelluskohde ja turistinähtävyys. Siellä järjestetään joka vuosi helmikuussa suuri juhla, johon liittyy sekä uskonnollisia rituaaleja että maallisempi kansanjuhla.

Ollessamme Mandalayssa vuonna 2015 kaduilla lipui ohi kuorma-auton lavalle pystytettyjä valtavia rakennelmia, jotka muistuttivat lähinnä Rion karnevaalien koristeltuja paraatilavoja. Musiikki oli iloista ja ympärillä parveilevat ihmiset innoissaan.

Rakennelmat olivat osa Aung San Suu Kyin puolueen vaalikampanjaa.

Koko sen ajan, jonka maassa vietimme, näimme näitä vaalikampanjajuhlia joka puolella. Ihmisten ilo ja innostus oli käsin kosketeltavaa, eikä siihen voinut olla yhtymättä. Kerran jos toisenkin marssimme paikallisten kanssa näiden lippujen perässä.

Vastapuolen kampanja luotti auton katolla olevista kaiuttimista lähetettäviin propagandapuheisiin ja tienvarsien suuriin mainostauluihin, joissa komeilivat valtaapitävien upseerien harmaat ja tiukkailmeiset kasvot rivissä kuin Marx, Engels ja Lenin konsanaan.

Vastapuoli oli käytännössä Myanmarin armeija, Tatmadaw, joka jo aiempia vaaleja varten otti itselleen "puolueenimen" Valtiollinen Lain ja Oikeuden Reformineuvosto. (He todellakin uskoivat sen siivittävän heidät voittoon!) Heillä oli myös englanninkielinen äänenkannattaja *New Light of*

Myanmar, joka kirjoitti siitä, kuinka Tatmadaw rakasti kansaa ja kansa Tatmadawia.

Vuoden 2015 vaaleissa puolue esiintyi nimellä Yhdistynyt Solidaarisuus- ja Demokratiapuolue. Politiikan sisältö ei silti paljon eronnut aiemmasta.

Aung San Suu Kyin puolueen nimi on Kansallinen demokratialiitto.

Näin yksinkertainen Myanmarin poliittinen kartta ei tosin ole. Vaikka maa on periaatteessa sosialistinen, kommunistipuolueitakin on ollut kaksi, punainen ja valkoinen (sic!).

Yksi Demokratialiiton perustajista oli Bogyoke Aung San. Hänestä tuli sankari vastarintaliikkeessä, joka taisteli brittihallintoa vastaan. Tässä häntä auttoivat japanilaiset. Vähitellen hän alkoi kuitenkin epäillä heitäkin ja päätyi lopulta liittoutumaan alkuperäisten vihollistensa brittien kanssa.

Burmalaiset taistelivat kuitenkin edelleen itsenäisyyden puolesta, ja onnistuivat viimein sen saavuttamaan vuoden 1948 alussa. Aung San ei ehtinyt sitä koskaan nähdä, sillä vain puoli vuotta aikaisemmin poliittinen kilpailija oli salamurhannut hänet. Häneltä jäi kolme lasta, tytär Aung San Suu Kyi oli silloin kaksivuotias.

Isä Aung San olisi varmasti ollut onnellinen nähdessään tyttärensä aikanaan maan johdossa. Hän teki kuitenkin tälle yhden karhunpalveluksen. Juuri hän muotoili sen perustuslain pykälän, joka esti ketään ulkomaalaisen kanssa naimisissa olevaa nousemasta merkittävään poliittiseen virkaan maassa. Tytär oli nainut britin, eikä hänestä näin ollen voinut tulla presidenttiä senkään jälkeen, kun puolue lopulta oli voittanut vaalit.

Näiden kahden valtapuolueen lisäksi Myanmarin politiikassa vaikuttavat kuitenkin myös vahvat etniset vähemmistöt, joista islaminuskoiset rohingyat joutuivat pian historiallisten vaalien jälkeen vainon kohteeksi.

Vain kolme vuotta sen jälkeen, kun olimme voineet seurata kansan toivorikasta riemua Kansallisen demokratialiiton voittaessa vaalit, saimme Suomessa lukea lehdestä uutisen, että Amnesty International on peruuttanut Aung San Suu Kyin saaman kunnianosoituksen maassa yhä jatkuvien ihmisoikeusloukkausten vuoksi.

Mutta vielä siitä Kiplingin runosta.

Mandalay julkaistiin ensimmäisen kerran *Scots Observer* -lehdessä kesäkuussa 1890.

Se kertoo lontoolaisesta työläisestä, joka muistelee aikaansa brittijoukkojen sotilaana Burmassa ja kaipaa siellä kohtaamaansa ihanaa neitoa.

Runoa on kritisoitu paitsi kolonialismista ja yliromantisoinnista myös siitä, että maantieteelliset faktat ovat täysin sekaisin.

Runo alkaa säkeillä:

By the old Moulmein Pagoda,
lookin' eastward to the sea,
There's a Burma girl a-settin',
and I know she thinks o' me;
For the wind is in the palm-trees,
and the temple-bells they say;
"Come you back, you British soldier;
come you back to Mandalay."

Kipling itse oli todellakin kohdannut ihanan neidon Moulmainin pagodan rappusilla, josta voi katsella merelle (tosin ei itään päin vaan länteen). Mutta paikka sijaitsee maan kaakkoisosassa tuhannen kilometrin päässä sisämaassa sijaitsevasta Mandalaysta. Se ei ole edes sen jokireitin varrella, jota pitkin brittijoukot kuljetettiin Rangoonin satamasta Mandalayihin (runon kertosäkeessä viitataan tähän joukkojenkuljetuslaivastoon). Samaisessa kertosäkeessä tietä Mandalayihin viitoittavat vielä lentokalatkin, jotka olivat ihastuttaneet Kiplingiä tulomatkalla Intiasta – niitä ei kuitenkaan tavata muualla kuin valtamerissä.

Runosta tuli kuitenkin nopeasti suosittu ja sen suosio vain kasvoi, kun se sävellettiin ja sen levytti nimellä *On the road to Mandalay* itse Frank Sinatra. Suomenkielisen version *Mandalain tiellä* sanat käänsi Reino Helismaa ja sen levytti ensimmäisenä Kauko Käyhkö.

Sen kertosäe alkaa:

Mandalaihin takaisin, sillä kaipaat kuitenkin,
kaipaat Burmaan, kaipaat hurmaan
Mandalain ja Rangoonin.

Runo ja laulu edustivat hyvin pitkään länsimaalaisille kuvaa Burmasta.

Joillekin briteille se edustaa sitä edelleen.

Boris Johnson aiheutti vuonna 2017 skandaalin, kun hän Myanmarissa vaikutusvaltaisten paikallisten poliitikkojen läsnä ollessa lausui pätkän tästä runosta virallisella vierailullaan Shwedagon pagodalle, joka on Yangonin pyhin paikka. Johnson oli tuolloin ulkoministeri.

Tilanne oli niin nolo, että Britannian suurlähettilään oli kiirehdittävä keskeyttämään hänet. Hän oli siinä vaiheessa kuitenkin jo ehtinyt lausua säkeet, joissa toivottiin brittiläisen sotilaan paluuta. Lähettiläs ehti hätiin juuri ennen kuin ulkoministeri pääsi vielä loukkaavampaan säkeeseen, jossa kutsuttiin Buddhan patsasta "hitonmoiseksi mudasta tehdyksi epäjumalankuvaksi".

Johnson itse oli hyvin hämmästynyt keskeytyksestä. Hänestä tämä kuuluisa runo olisi sopinut oikein hyvin esitettäväksi sen jälkeen, kun hän oli osallistunut juhlalliseen seremoniaan, jossa valeltiin vedellä kultainen patsas, jota hän kuvasi "valtavaksi marsuksi".

Tapaus tallentui BBC:n Channel 4:n TV-kameroilla, mutta leikattiin pois sen päivän uutislähetyksestä. Sitä käytettiin kuitenkin myöhemmin todisteena Johnsonin sopimattomuudesta pääministeriksi (yhdessä monien muiden julkisten möläytysten kanssa).

Myanmarin parlamentin jäsen Rushanara Ali oli kommentoinut tapausta jo tuoreeltaan sanoen: "Voin luetella pitkän listan syitä, miksi Boris Johnson ei sovellu pääministeriksi. Tämä tapaus voidaan lisätä siihen."

Kaksi vuotta myöhemmin Johnsonista tuli Britannian pääministeri.

Helmikuun alussa 2021 Myanmarissa tehtiin jälleen vallankaappaus. Nyt sotilaat kaappasivat vallan takaisin Aung San Suu Kyiltä ja vangitsivat hänet. Häntä syytettiin muun muassa koronavirussäännösten rikkomisesta ja levottomuuksien lietsomisesta.

Seuraavana vuonna myös Boris Johnson syrjäytettiin.

BALI

BANAANIPUITA, PEILINKEHYKSIÄ JA ANKKOJA

"Bali on vihreä", mies sanoi. "Vihreä niin kuin dollarin seteli. Bali on myyty dollarituristeille."

Hän istui viereisessä pöydässä Swiss Hotelin terassilla Georgetownissa, Malesian Penangilla. Hän oli pukeutunut täyspitkään valkoiseen kaapuun ja valkoiseen kalottiin, ja hänellä oli pitkä tukka ja yhtä pitkä parta. Paikalliset tunsivat hänet hyvin ja kutsuivat häntä Ali Babaksi.

Hän tosin oli ilmeisesti juutalainen ja kotoisin Englannista, mutta hän kieltäytyi kertomasta oikeaa nimeään tai mitään muutakaan taustastaan.

Hän oli pesunkestävä seitsemänkymmentäluvun hippi, joka oli asunut Balilla jo vuosia. Mutta aina välillä hän sai siitä tarpeekseen. Silloin hän tuli aina Penangille ja aina Swiss Hoteliin.

Aina hän myös esitti tuon saman kommentin dollarin seteleistä kaikille, jotka vain olivat kuulolla.

Indonesian valtion virallinen Turistitoimisto perustettiin jo vuonna 1908. Hyvin pian se ulotti toimintansa siirtomaahallinnon pääkaupungista Bataviasta myös Balille, jota se kuvaili nimellä "Pienten Sundasaarten jalokivi".

Vuonna 1924 avattiin viikoittainen höyrylaivareitti Bataviasta, Surabayan ja Makassarin kautta nykyiseen Singarajaan Balin pohjoisrannalla. Hallitus antoi myös luvan majoittaa matkalaisia niihin majataloihin, joita alun perin oli rakennettu kiertäviä hollantilaisia siirtomaavirkamiehiä varten.

Neljä vuotta myöhemmin avattiin saaren ensimmäinen turistihotelli, Bali Hotel, Denpasarissa.

Matkailijoita Balilla kävi 1920-luvun lopulla useita satoja ja seuraavalla vuosikymmenellä jo useita tuhansia. Kiinnostusta levittivät suositut matkakirjat, mm. suomeksikin käännetty Richard Halliburtonin *The Royal Road to Romance* vuodelta 1925 (suom. *Ruhtinaallinen retki romantiikan maille*).

Halliburtonillekin Bali oli pitkään ollut vain epämääräinen haavekuva – kirjassaan hän tunnustaa, ettei ollut edes tiennyt missä se tarkalleen sijaitsi. Ruhtinaallinen retki alkoi Euroopasta ja jatkui Intian ja Kaakkois-Aasian kautta Kiinaan ja Japaniin.

Kun hän tapasi Saigonissa rantapummin, joka todellakin oli käynyt Balilla, haavekuva muuttui äkkiä saavutettavaksi. Kaikki alueen saaret kiertänyt pummi kehui sitä niistä ehdottomasti idyllisimmäksi. Hänen mukaansa siellä ei vielä ollut "eurooppalaista kulttuuria eikä amerikkalaisia säilyketölkkejä".

Halliburton saapui saarelle matkavarusteinaan vain kamera, hammasharja, partahöylä ja saippua – kaikki muut tavaransa hän jätti Jaavalle. Hän teki matkaa jalan ilman sen tarkempia reittisuunnitelmia, nukkuikin usein taivasalla.

Hän vietti saarella kaikkiaan kuukauden päivät asuen kalastajien ja merisuolan kerääjien luona.

Eräänä päivänä hän liittyi innokkaana mukaan valtavaan juhlakulkueeseen, joka kulki laulaen ja tanssien halki saaren sen pääkaupunkiin. Vasta perillä hänelle selvisi, että kyse oli hautajaissaattueesta.

Halliburton edusti koulukuntaa, jota on kutsuttu termillä "viattomat maailmalla". Hänen kirjansa olivat värikkäitä ja helppolukuisia matkakertomuksia ja juuri siksi myyntimenestyksiä. Hän ei vaivannut lukijoitaan pitkillä eikä perusteellisilla selvityksillä alueiden historiasta tai politiikasta.

Ensimmäiseksi hän Balistakin kirjoittaessaan mainitsi paikallisten naisten kauneuden. Hän kuvasi heitä Eedenin Eevoiksi ja komeiksi kuin jumalatar Diana ja muisti eritoten kertoa, että heillä ei ollut tapana peittää rintojaan.

Juuri tätä monet sitten tulivat Balilta etsimään.

Hollantilaisen höyrylaivayhtiö KPM:n esitteissäkin kerrottiin mm. että "alkuperäisväestö elää edelleen kuin keskiajalla" ja ihmiset kuvissa olivat pääasiassa puolialastomia naisia.

Filmi on vanha ja rakeinen. Siinä pieni harmaatukkainen mies hullutelee sydämensä kyllyydestä balilaisten tanssijoiden kanssa. Mies on Charlie Chaplin. Kohtaus sisältyy vuonna 2017 julkaistuun elokuvaan *Chaplin in Bali*, joka pohjautuu hänen omaan yksityisesti kuvattuun materiaaliinsa.

Vuonna 1932 Charlie Chaplin lähti veljensä Sydneyn kanssa pitkälle lomamatkalle toipuakseen *Kaupungin valot* -elokuvan raskaista kuvauksista ja markkinointikiertueesta. He purjehtivat Suezin kanavan kautta Singaporeen ja sieltä Jaavalle. Matkan varsinainen määränpää oli kuitenkin nimenomaan Bali.

Idea oli Sydney Chaplinin, jota viehätti saaren eristyneisyys, sekä maantieteellinen että kulttuurinen. Myös hänen innostuksensa oli herättänyt romanttisesti ihannoitu matkakirja – tässä tapauksessa Hickman Powellin *The Last Paradise* – jossa siinäkin oli muistettu mainita naisten paljaat rinnat.

Kun Chaplin seurueineen saapui Tanjung Priokin satamaan Jaavalla, paikalliset hollantilaiset olivat innoissaan. He joutuivat kuitenkin pettymään, kun laivasta ei noussutkaan mies knallissa ja suurissa kengissä kävelykeppiä heilutellen, vaan vaatimaton harmaatukkainen herrasmies hellekypärässä.

Matka jatkui halki Jaavan pääkaupunki Bataviasta Jogjakartaan ja Surabayaan, josta pääsi höyrylaivalla Balille. Chaplinit rantautuivat ensin saaren pohjoisosaan. Sikäläinen hallitsija järjesti heidän kunniakseen juhlat, jotka kestivät kaksi päivää ja kaksi yötä. Musiikki soi, tanssiesitykset jatkuivat tuntikausia ja ruokaa oli ruhtinaallisesti. Charlie Chaplin oli kuitenkin kaiken keskipiste.

Vasta Balin eteläosissa veljekset saattoivat rentoutua. Siellä kukaan ei tuntenut heitä ja he saivat olla vain tavallisia länsimaalaisia turisteja.

Chaplin pukeutui nyt paikallisten tapaan pelkkään löysään paitaan, housuihin ja sandaaleihin. Hän söi riisiä sormin banaaninlehdiltä, kyykkysillään niin kuin muutkin. Hän kävi katsomassa tanssi- ja musiikkiesityksiä ja kukkotappeluita.

Hän ihastui kaikkeen ja jäi saarelle paljon pitemmäksi aikaa kuin alun perin oli tarkoitus.

Chaplin kirjoitti kuvauksen ensimmäisestä matkastaan ensin artikkelisarjana, joka ilmestyi viisiosaisena *Woman's Home Companion* -lehdessä vuonna 1933. Kolmekymmentä vuotta myöhemmin hän kirjoitti Balista myös omaelämäkerrassaan. Näiden lisäksi koko ensimmäinen matka on tallennettu kaitafilmille – juuri se materiaali julkaistiin vuoden 2017 dokumenttielokuvassa.

Balin vierailunsa jälkeen Chaplin oli täynnä tarmoa.

Hän oli nähnyt hollantilaisen kolonialismin Indonesiassa ja se oli herättänyt hänen sosiaalisen (ja sosialistisen) omatuntonsa. Hän kirjoitti jopa elokuvakäsikirjoituksen nimeltä *Bali*. Se irvaili eurooppalaiselle siirtomaavallalle, joka keräsi paikallisilta veroja rakentaakseen teitä, joita he eivät tarvinneet, ja vaatien heitä viljelemään enemmän riisiä kuin he pystyivät syömään.

Se olisi ollut hänen ensimmäinen äänielokuvansa, mutta sitä ei lopulta koskaan filmattu.

Hänen seuraava toteutunut tuotantonsa oli *Nykyaika*.

Naispääosaa siinä esitti parikymppinen näyttelijä Paulette Goddard. Heidän suhteensa ei ollut ainoastaan ammatillinen.

Vuonna 1936 Chaplin matkusti jälleen Balille, nyt Pauletten ja tämän äidin kanssa. Hän halusi näyttää heille kaikki ne paikat, joihin oli ihastunut.

Kolmikko kierteli ensin eri puolilla Jaavaa ja jatkoi sitten Balille. Chaplinin ja Pauletten oli alun perin ollut tarkoitus mennä naimisiin siellä. Vihkiseremonia kuitenkin pidettiin vasta myöhemmin laivalla matkalla kohti Kiinaa. Joidenkin lähteiden mukaan se tosin tapahtui Shanghaissa ja toisten mukaan Kantonissa. Jotkut epäilevät, vihittiinkö heitä lopulta lainkaan – minkäänlaisia virallisia dokumentteja tästä avioliitosta ei ole olemassa.

Legendan mukaan, kun maailma luotiin, kellui Bali jättiläismäisen kilpikonnan selässä ulos merelle ja siitä tuli maailman keskipiste.

Balilainen kulttuuri syntyi, kun islamin levitessä Jaavalle vanha hindulainen kuningaskunta hajosi. Monet sen älymystöstä, taiteilijoista, tanssijoista, muusikoista, tiedemiehistä ja papeista pakeni Balille.

Sen jälkeen he saivat elää eristyksissä lähes neljäsataa vuotta, kunnes hollantilaisten verinen siirtomaahallinto ulotti lonkeronsa sinnekin. Bali antautui lopullisesti Denpasarin itsemurhataistelussa viime vuosisadan alussa.

Balin viimeisten hovien kukistuttua kulttuuri kuitenkin nousi jopa uuteen kukoistukseen. Kun jäljelle jääneillä prinsseillä ei enää ollut poliittista valtaa, he yrittivät säilyttää arvoasemansa ryhtymällä taidemesenaateiksi. Palatsien upeat instrumentit ja teatteripuvut jaettiin kylien käyttöön. Nykyään useimmissa kylissä on oma orkesteri tai johonkin teatterilajiin erikoistunut ryhmä. Hovitaide sekoittui kansantaiteeseen – siinä sen elävyyden salaisuus.

Nykyinen Indonesia on väkiluvultaan maailman suurin muslimivaltio, mutta Bali on yhä edelleen hindulainen.

Saaren keskellä sijaitsevaan Ubudiin alkoi 1920-luvulla virrata länsimaalaisia vierailijoita tutustumaan tähän kulttuuriin. Chaplinin tapaan he olivat taiteilijoita, kirjailijoita, elokuvaihmisiä ja antropologeja, joille paikan eksotiikka oli nimenomaan sen perinteissä.

Tämän yhteisön keskushahmo oli saksalainen Walter Spies.

Spies oli syntynyt Moskovassa saksalaiseen diplomaattiperheeseen. Lasten taiteellisia harrastuksia suosittiin, veli Leosta tuli kapellimestari ja sisar Daisystä balettitanssija. Walter valitsi maalaustaiteen ja opiskeli sitä Dresdenissä, Saksassa. Siellä hän kiinnostui myös musiikista, nimenomaan eri kansojen musiikkiperinteestä. Tutustuttuaan mykän elokuvan mestariin Friedrich Murnauhun hän alkoi opiskella vielä valokuvausta ja elokuvantekoakin.

Vuonna 1923 Spies päätti ottaa vastaan pestin Jaavalla sijaitsevan Jogjakartan sulttaanihovin länsimaisen orkesterin johtajana. Mutta hän oli lähtenyt etsimään ennen muuta rauhaa ja vapautta, eikä hovielämä tarjonnut kumpaakaan.

Neljä vuotta myöhemmin hän muutti edelleen Balille.

Siellä hän alkoi heti innokkaasti tutkia paikallista kulttuuria ja keräsi muun muassa huomattavan kokoelman Balin taidetta. Spies järjesti myös balilaisen musiikin ensimmäiset levytykset ja toimi käsikirjoittajana kahdessa ensimmäisessä Balia käsittelevässä elokuvassa.

Mutta Spies oli edelleen myös maalari ja hän eristäytyi ajoittain kokonaan saadakseen maalata. Hän loi oman "balilaisen" maalaustyylinsä – työt kuitenkin myytiin pääasiassa länsimaihin.

Balilla hän tapasi meksikolaisen taiteilijan ja antropologin Miguel Covarrubiaksen, joka hänkin oli vaimonsa Rosen kanssa tutkimassa paikallista kulttuuria. Heistä tuli pian läheiset ystävät. Vähitellen heidän ympärilleen kehittyi kokonainen taiteilijasiirtola, jonka muista jäsenistä tunnetuin oli hollantilainen Rudolf Bonnet.

Länsimaisen ja balilaisen perinteen kohtaamisesta on syntynyt tyyli, joka tunnetaan nimellä balilainen modernismi. Balilla maalaustaide oli alun perin rituaalitaidetta, joka liittyi temppelien koristelemiseen ja noudatti tiukkoja sääntöjä. Länsimaalaiset opettivat heille, että maalaukset voivat olla myös itsenäisiä taideteoksia. Balilaiset puolestaan vaikuttivat länsimaalaisten taiteilijoiden töihin tuomalla niihin oman perinteensä pikkutarkat yksityiskohdat ja kirkkaat värit.

Kun aurinko laskee ja ilma viilenee, kantautuu riisipeltojen yli tauoton *gamelan* – ja ankkojen kaakatus.

Ubudissa kuulee yhä tänään *gamelan*musiikkia, koko ajan, kaikkialla.

Lisäksi Ubudissa järjestetään päivittäin tanssi- ja teatteriesityksiä.

Tunnetuin tanssimuoto on *legong,* hovitanssi jota esittävät perinteisesti vain pienet tytöt. Turistiesityksissä he tosin saattavat olla jo murrosikäisiä – usein he ovat siirtyneet niihin sen jälkeen, kun eivät enää voi esiintyä aidoissa perinnetansseissa.

Toinen vakio-ohjelmistoon kuuluva tanssi on *kecak.* Se ei kuitenkaan ole perinteinen, Walter Spies loi sen toista elokuvaansa varten. Tämä *Ramayana*-eepokseen perustuva apinakuoro on synteesi, joka on koottu perinteisen balilaisen tanssin elementeistä todella suggestiiviseksi kokonaisuudeksi. Balilaiset itse ihastuivat siihen heti ja nykyään se on yksi eniten esitetyistä tansseista – ja myös tunnetuin muualla maailmassa.

Tätä kulttuuriturismiakin tosin kritisoidaan. Joidenkin mielestä se on tehnyt Balista pelkän elävän museon.

Ubudin ympäristön kylissä työskentelee edelleen kuvataiteilijoiden ja taidekäsityöläisten yhteisö. Paikka on yhä houkutellut myös eurooppalaisia taiteilijoita.

Balilaisten oma puuveistotaide puolestaan lähentelee jo massatuotantoa. Teiden varsilla näkee taidokkaita kylttejä, joissa mainostetaan esimerkiksi: *Banana trees, mirror frames and ducks* (Banaanipuita, peilinkehyksiä ja ankkoja). Nämä ovat ilmeisesti ulkomaisten matkailijoiden suosimat hittituotteet.

Turistien lisäksi näissä kaupoissa käy myös eurooppalaisia, amerikkalaisia ja australialaisia taidekauppiaita.

Heinäkuussa 1961 Chaplin oli jälleen Balilla, tällä kertaa neljännen vaimonsa Oonan ja kahden lapsensa kanssa.

Hän itse kuvaili maan olleen aiemmin paratiisi, jossa paikalliset työskentelivät riisipelloillaan neljä kuukautta vuodesta ja omistivat loput kahdeksan taiteelle ja kulttuurille. Nyt näkyvissä oli jo muutos.

Seitsemänkymmentäluvulla, kun itämainen hengellisyys tuli muotiin, syntyi legendaarinen reppureissureitti halki Aasian. Se tunnettiin nimellä "kolmen K:n reitti".

Alkujaan nämä kolme K:ta olivat Kabul, Kathmandu ja Kuta.

Kun Afganistanin levottomuudet myöhemmin sulkivat Kabulin pois reitiltä, kolmannen K:n merkitys on vaihdellut. Jotkut sanovat, että se on Kalkutta, jotkut tulkitsevat sen peräti Khao San Roadiksi, joka on Bangkokissa se katu, jonka varrella sijaitsevat reppureissaajien suosimat majapaikat ja ravintolat.

Sen päätepiste on kuitenkin aina ollut Kutan ranta Balilla. Sinne koko Aasian halki matkanneet hipit kokoontuivat väsyneinä ja rähjäisinä polttamaan pilveä ja tuijottamaan auringonlaskua.

Nykyisin kun halpalennot vievät ihmisiä maailman joka kolkkaan, reppureissaaminenkaan ei enää ole yhtä rankkaa. Lennetään suoraan Bangkokiin ja viivytään matkalla ehkä vain kuukauden, ei vuoden päivät. Toisaalta diginomadit voivat ottaa työn mukaansa ja viipyä vaikka vuosikausia, kunhan elävät säästeliäästi.

Kolmen K:n hippireitin sijasta nykyään puhutaan banaanipannukakkureitistä.

Se ei ole yhtä suoraviivainenkaan. Sillä viitataan yleisemmin Kaakkois-Aasian kohteisiin, joissa on tarjolla halpaa majoitusta. Nimi tulee siitä, että niissä lähes poikkeuksetta tarjotaan aamiaiseksi banaanipannukakkuja.

Niistä on tosin erilaisia variaatioita: useimmiten banaani on viipaloitu päälle, mutta joskus sekoitettu taikinaan. Olenpa kerran nähnyt sellaisenkin version, jossa kokonainen banaani oli vain kääräisty lättyyn. Niitä joka tapauksessa pidetään tyypillisenä turistiaamiaisena.

Termi *Gringo Trail* kuvasi alkujaan banaanipannukakkureitin tapaan halpojen matkakohteiden ketjua Latinalaisessa Amerikassa. Myöhemmin sitä on kuitenkin alettu käyttää koko ilmiöstä maailmanlaajuisesti ja nimenomaan kriittiseen sävyyn.

Monet eivät ole matkallaan oppineet mitään vieraasta kulttuurista. He ovat tavanneet vain turistibisneksessä työskenteleviä paikallisia – ja syöneet vain niitä banaanipannukakkuja ja muita länsimaisille kehitettyjä ruokia. Elämäni ensimmäisen Caffe Frappén olen juonut Guatemalassa, en Kreikassa. Pienessä Dalin kaupungissa Kiinan Yunnanissa ravintolan ruokalistalta löytyi *"Mammas köttbullar"*.

Oli kyseessä sitten Aasia tai Etelä-Amerikka, reissaajan kokemus on sama.

Antropologi Pegi Vail teki vuonna 2013 dokumenttielokuvan nimeltä *Gringo Trails*, jossa hän kartoitti niitä sekä positiivisia että negatiivisia vaikutuksia, joita matkailulla on ollut paikallisiin yhteisöihin eri puolilla maailmaa viimeisten 30 vuoden aikana.

Elokuvassa haastatellaan muun muassa palkittua *National Geographic*in toimittajaa Costas Christia, joka tunnetaan kestävän matkailun puolestapuhujana. Hän itse tuli vaikuttaneeksi eteläisessä Thaimaassa sijaitsevan Ko Pha Nganin saaren suosioon. 1970-luvun lopulla hän ylisti sen koskematonta kauneutta – ja sai tuhannet matkailijat ryntäämään sinne.

Nykyisin paikka on kuuluisa joka kuukausi järjestettävistä *Full Moon Partyistaan*, jotka tuovat aina vain enemmän reppureissaajia ja muita länsimaalaisia turisteja saaren rannoille. Ekologinen tuho on valtava. Lisäksi paikalle on pesiytynyt rikollisuutta, joka kulminoitui muutama vuosi sitten kahden nuoren turistin murhaan.

Pegi Vail kysyykin: pelastavatko matkailijat planeetan vai tuhoavatko he sen?

Suomesta saakka Bali kuulostaa edelleen eksoottiselta idylliltä, vaikka sinne nykyisin voi jo ostaa pakettimatkojakin. Mutta australialaisille se on yhtä lähellä kuin Kanarian saaret keihäsmatkalaisille – ja he käyttäytyvät siellä samaan tapaan.

Hippivuosien reppureissaajille Kuta Beach oli yhä paratiisi. Nyt se on yksi koko Aasian pahamaineisimmista turistislummeista.

Tänään siellä on vieri vieressä hotelleja, baareja, matkamuistomyymälöitä ja matkatoimistoja. Trooppiset rannat ovat tungokseen asti täynnä lomanviettäjiä – ja kaupustelijoita ja taskuvarkaita. Moottoripyöräralli rämisee tauotta rannalla ja pienimmilläkin kujilla, ja pääkadun liikenneruuhka on läpipääsemätön. Kuitenkin sinne rakennetaan yhä vain lisää ja lisää.

Sinne tulevat turistit ottamaan aurinkoa ja surffaamaan, syömään ja varsinkin juomaan halvalla ja paljon. Näille ihmisille Bali tarkoittaa Kutaa.

Länsimaalaiset siirtomaaisännät opettivat balilaiset peittämään rintansa. Tänään länsimaalaiset turistit tulevat sinne paljastamaan omansa.

CASABLANCA

PLAY IT AGAIN

Pienkone nousee sumuiselta kiitoradalta. Kaksi miestä seisoo katsomassa sen perään. Sitten he kääntyvät kävelemään pois ja toinen miehistä sanoo: "Louis, luulen että tämä on kauniin ystävyyden alku."

Ikoninen näky on elokuvan *Casablanca* loppukohtaus.

Sekin näkymä oli tosin lavastettu Warnerin studioille Hollywoodissa, niin kuin koko elokuva. Yhtään kohtausta ei ole kuvattu todellisessa Casablancassa, eikä pitänytkään.

Sen ei edes pitänyt tapahtua Casablancassa.

Tarinan tapahtumapaikka oli alkuperäisessä käsikirjoituksessa Lissabon.

Miltä kuulostaisi kuolematon menestyselokuva *Lissabon*? Ei varmasti yhtä romanttiselta kuin *Casablanca*.

Tarinan kirjoittaja Murray Burnett ei ollut hänkään koskaan käynyt Casablancassa, eikä halunnut käydä siellä edes elokuvan saaman menestyksen jälkeen. Eräässä haastattelussa hän sanoi: "Minulla ei ole koskaan ollut mitään halua käydä siellä. En halua tuhota sitä tunnelmaa, jonka loin *Casablanca*a varten."

Elokuvan käsikirjoitus perustuu Burnettin ja Joan Alisonin näytelmään nimeltä *Everybody Comes to Rick's*. Se puolestaan syntyi Burnettin omien kokemusten pohjalta.

Kesällä 1938 amerikkalainen Burnett ja hänen vaimonsa matkustivat Wieniin auttamaan juutalaisia sukulaisiaan salakuljettamaan omaisuuttaan ulos natsien valloittamasta maasta. Paluumatkallaan pariskunta pysähtyi pienessä eteläranskalaisessa kaupungissa ja piipahti sikäläisessä Välimeren rannalla sijaitsevassa jazzklubissa. Siellä mustaihoinen pianisti soitti yleisölle, jonka joukossa oli ranskalaisten lisäksi sekä natsiupseereita että pakolaisia.

Kohtaus jäi hänen mieleensä voimakkaana ja jo Englannissa hän alkoi luonnostella sen ympärille natsivastaista näytelmää.

Pari vuotta myöhemmin Yhdysvalloissa Burnett kirjoitti näytelmän valmiiksi yhdessä Joan Alisonin kanssa. He onnistuivat jopa myymään option siihen Broadwaylle. Juonta pidettiin kuitenkin liian rohkeana, koska naispäähenkilö (näytelmäversiossa hän on amerikkalainen nimeltä Lois) oli maannut Rickin kanssa saadakseen matkustusviisumin. Niin näytelmä ei koskaan päässyt tuotantoon.

Warner Brothers osti myöhemmin oikeudet itselleen 20 000 dollarilla (nykyrahassa lähes 300 000 dollaria). Huikealta vaikuttavasta summasta huolimatta hekään eivät odottaneet elokuvasta mitään kassamenestystä.

Kun siitä sellainen tuli, Burnett ja Alison yrittivät saada oikeudet takaisin itselleen, mutta tuomioistuin piti sopimusta Warnerin kanssa laillisena ja sitovana. Kompromissina elokuvayhtiö kuitenkin maksoi heille ylimääräisen korvauksen ja palautti oikeudet näytelmäversioon. Se esitettiin vuonna 1991 Lontoossa, mutta oli ohjelmistossa vain kuusi viikkoa.

Elokuvaversion käsikirjoittaminen annettiin ensin veljeksille Julius ja Philip Epsteinille. Heidät kuitenkin rekrytoitiin kesken kaiken Washingtoniin tekemään sotapropagandasarjaa *Why We Fight*. Tilalle palkattiin Howard Koch. Hän ehti kirjoittaa vain kolmisenkymmentä liuskaa ennen kuin veljekset palasivat. Hänen osuuttaan ei luultavasti koskaan käytetty. Elokuvan krediiteissä mainitaan silti kaikki kolme, vaikka he eivät koskaan työskennelleet yhdessä.

Käsikirjoitus kiersi niin monien käsien kautta, että oli lopulta mahdotonta sanoa, kuka oli kirjoittanut mitä ja milloin. Se oli yhä pahasti kesken, kun kuvaukset jo alkoivat. Ingrid Bergman kertoi muistelmissaan, että näytteleminen oli niin spontaania nimenomaan siksi, että kukaan ei ollut ehtinyt harjoitella vuorosanojaan etukäteen. He saivat päivän kohtaukset käteensä vasta samana aamuna.

Väitetään myös, että kuuluisa viimeinen lause "Louis, luulen että tämä on kauniin ystävyyden alku" kirjoitettiin vasta kuvausten loputtua ja Bogart jouduttiin kutsumaan takaisin paikalle äänittämään se.

Casablanca tarkoittaa valkoista taloa.

Paikalla sijaitsi alkujaan kaupunki nimeltä Anfa, ja tämä nimi säilyi monissa kartoissa vielä pitkälle 1800-luvulle. Jopa toisen maailmansodan aikaista Casablancan konferenssia kutsutaan joissakin lähteissä Anfan konferenssiksi.

Nykyisen Casablancan rakentamisen aloitti sulttaani Mohammed ben Abdallah vanhojen rakennusten tuhouduttua maanjäristyksessä vuonna 1755. Hän antoi sille nimen ad-Dār al-Bayḍā, joka kirjaimellisesti tarkoittaa ”valkoinen talo”.

Todennäköisesti tämä valkoinen talo oli kaupungin keskellä kohoava korkea, valkoiseksi kalkittu torni. Se näkyi kauas merelle ja laivat suunnistivat sen mukaan. Portugalilaiset merimiehet olivat alkaneet kutsua sitä omalla kielellään Casa Brancaksi, joka sitten myöhemmin kääntyi espanjalaiseen muotoon Casablanca. Marokkolaiset itse käyttävät edelleen nimeä ad-Dār al-Bayḍā, tai puhekielessä tuttavallisesti vain Casa.

Warner Brothersin tuottaman elokuvan oli tarkoitus valmistua vasta vuonna 1943, mutta maailmanpolitiikka tuli väliin.

Liittoutuneet olivat hyökkäämässä Pohjois-Afrikkaan ja natsisminvastainen tarina pakolaisineen sopi ajankohtaan kuin tilattuna. Nämä kaksi asiaa haluttiin nyt synkronoida. Kun Winston Churchill ja Franklin D. Roosevelt sitten tapasivat huippukokouksessa Casablancassa tammikuussa 1943, elokuva oli juuri saanut ensi-iltansa.

Variety-lehti ennusti, että ”elokuva tulee valloittamaan [markkinat] yhtä nopeasti ja varmasti kuin Liittoutuneiden armeija Pohjois-Afrikan”.

Casablancan historia oli ollut värikäs ja verinen jo ennen sitä.

Alueen ensimmäiset asukkaat olivat berberiheimoja, jotka saapuivat kauan ennen ajanlaskumme alkua. Satamaa käyttivät myöhemmin sekä foinikialaiset että roomalaiset. Sen jälkeen sen herruudesta kilpailivat portugalilaiset ja espanjalaiset.

Kun tekstiiliteollisuus syntyi Britanniassa, Marokosta tuli merkittävä villan viejä. Britit puolestaan toimittivat heille teetä. Näin kaupankäynti satamassa vilkastui vilkastumistaan.

Siirtomaavaltaa britit eivät kuitenkaan yrittäneet Marokkoon perustaa. Sen tekivät viime vuosisadan alussa ranskalaiset.

Askelmerkit määriteltiin Algecirasin sopimuksessa: ranskalaiset ottaisivat hallintaansa tullin ja ranskalainen sijoitusyhtiö *La Compagnie Marocaine* ryhtyisi kehittämään

Casablancan sataman toimintaa. Satamaa valvoisivat ranskalaisten ja espanjalaisten kouluttamat poliisivoimat.

Vallanvaihto ei kuitenkaan käytännössä sujunut näin suoraviivaisesti. Väkivaltaisia yhteenottoja syntyi paikallisten ja uusien isäntien välille useaan otteeseen.

Toinen maailmansota toi kuvioon lisää kierrettä.

Kun Vichyn nukkehallitus oli solminut aselevon natsien kanssa, Pétain määräsi armeijan puolustamaan kaikkia Ranskan hallinnassa olevia alueita vihollisia – siinä tilanteessa siis Saksan vihollisia – vastaan. Marokossa asuvat ranskalaiset kuitenkin kannattivat de Gaullea ja vastarintaliikettä.

Casablancasta tuli turvapaikka niin aktivisteille kuin Uuteen maailmaan pyrkiville varakkaille pakolaisillekin.

Tammikuussa 1943 pidettiin Casablancassa konferenssi, jossa Liittoutuneiden sotatoimia Pohjois-Afrikassa suunnittelivat yhdessä Britannian pääministeri Winston Churchill ja Yhdysvaltain presidentti Franklin D. Roosevelt – myös Stalin oli kutsuttu, mutta hän oli liian kiireinen itärintamalla, eikä saapunut paikalle. Läsnä olivat myös Vapaan Ranskan kenraalit Charles de Gaulle ja Henri Giraud, mutta he eivät osallistuneet varsinaisiin strategisiin neuvotteluihin.

Juuri tämän kokouksen alla elokuva haluttiin julkistaa, ja juuri sen vuoksi tapahtumat siirrettiin Lissabonista Casablancaan.

Lissabon oli edelleen paikka, josta pakolaiset pääsivät lentämään Amerikkaan, mutta suora reitti sinne oli tukossa. Pitkä kiertotie kulki Marseillen, Oranin ja Casablancan kautta. Monet jumittuivat kuitenkin Casablancaan, koska eivät saaneet kulkulupaa eteenpäin. Moni siellä asuva opportunisti ansaitsi mustassa pörssissä omaisuuksia pakolaisten ahdingolla.

Monet Hollywoodin klassikoista on kuvattu myöhemmin uudelleen, jotkut jopa moneen kertaan. Mutta ei *Casablanca*.

Casablancan kuuluu olla mustavalkoinen.

Casablancan tähdet ovat Humphrey Bogart ja Ingrid Bergman. Siihen ei kerta kaikkiaan voi roolittaa jotain Leonardo di Capriota ja Nicole Kidmania, vaikka hekin ovat valovoimaisia näyttelijöitä. He vain eivät ole Rick ja Ilsa. Piste.

Casablanca ei ole vain tarina, se on nostalgiapaketti. Sitä ei voi hajottaa osiin eikä paketoida uudelleen.

Tai ainahan voi yrittää.

Muutama vuosi sodan jälkeen Marxin veljekset tekivät elokuvan *A Night in Casablanca*.

Warner Brothers yritti haastaa heidät oikeuteen elokuvan nimestä, koska siinä oli sana "Casablanca". Groucho Marx vastasi haasteella, että he olivat käyttäneet sanaa "brothers" jo ennen Warner Brothersia.

Totuus oli kuitenkin, että veljekset olivat todellakin tarkoittaneet tehdä parodian *Casablanca*-elokuvasta. Ensimmäisessä käsikirjoitusversiossa päähenkilön nimi oli peräti Humphrey Bogus.

Lopulta mitään oikeusjuttuja ei nostettu, puolin eikä toisin. Marxin veljesten elokuvan juonta muutettiin kuitenkin niin, että se irvaili yleisesti koko lajityypille, ei erityisesti Warnerin filmille.

Casablanca on Marokon suurin kaupunki. Sitä sanotaan myös Marokon rumimmaksi kaupungiksi.

Suomalaisella Rantapallo-matkailusivustolla sitä kuvataan:

Casablancaan tutustumiseen riittää hyvin yksi päivä, jollei halua jäädä nauttimaan bisneskaupungin imusta. Tämän päivän Casablanca on lähes tylsyyteen asti moderni kaupunki, ja siellä voi olla vaikea löytää arabimaan tunnelmaa ja aitoa marokkolaista meininkiä.

Matkailijat menevätkin mieluummin perinteisempiin Feziin ja Marrakechiin.

Casablancasta löytyvät tänään marokkolaisen arjen kaikki ääripäät.

1940- ja 1950-luvuilla Casablanca oli Ranskan vastaisten mellakoiden keskipiste. Marokko itsenäistyi vuonna 1956, mutta levottomuudet eivät päättyneet siihenkään.

Sen jälkeen siellä on osoitettu mieltä ilmaisen koulutuksen ja parempien työolojen puolesta. Vuonna 1981 puhkesivat elintarvikkeiden hintojen nousua vastustavat levottomuudet, jotka tunnetaan Casablancan leipämellakkana. Vuonna 2000 marssimassa olivat naiset, jotka vaativat moniavioisuuden kieltämistä ja avioerojen laillistamista.

Mutta katujen varsilla ja rannoilla näkee myös paljon apaattisina istuskelevia ihmisiä, jotka eivät enää näe mitään toivoa tulevassa.

Hyvinvoivan suurkaupungin laidoilla asuu nykyään tuhansia maaseudulta tulleita, jotka ovat paenneet kuivuutta ja aavikoitumista. Korkea työttömyysaste ja kalliit vuokrat ovat ajaneet heidät slummeihin, joissa kukoistavat rikollisuus, huumeet ja prostituutio. Se on myös hedelmällinen kasvualusta islamistisille ääriliikkeille.

Elämä Euroopassa on monen unelma. Varsinkin nuorisotyöttömyys on Marokossa järkyttävän korkea, kaupungeissa jopa lähes 40 prosenttia.

Ensimmäisenä töitä etsitään suurista kaupungeista ja Casablanca on niistä suurin.

YLEn toimittaja haastatteli siellä muutama vuosi sitten nuoria, jotka kertoivat kaikki samaa tarinaa: töitä on vaikea saada ja niitä saadakseen tarvitsee suhteita. Monet näkivät ainoana vaihtoehtona lähteä Eurooppaan.

Gibraltarin salmi, joka erottaa Marokon Euroopasta, on kapeimmalta kohdaltaan vain reilut 14 kilometriä. Tangeriin saapuu ihmisiä jatkuvana virtana. Osa ylittää rajan lautalla, osa laittomasti kumiveneellä. Se on ollut yksi ihmissalakuljettajien pääreiteistä, mutta suurin osa sitä kautta kulkijoista on silti ollut oman maan kansalaisia. Viranomaislähteiden mukaan pelkästään vuosina 2010–15 melkein puoli miljoonaa marokkolaista lähti maasta.

Hekin ovat pakolaisia kuten Ilsa Lund, mutta heidän tarinoissaan ei ole mitään romanttista. Niistä kuvataan vain uutisfilmejä.

Tilanne on kuitenkin samanlainen. Kuten eräs henkilö elokuvassa sanoo: ”Päästäkseen jatkamaan matkaa ihmisellä on oltava joko rahaa, vaikutusvaltaa tai onnea. Muut joutuvat vain odottamaan ja odottamaan ja odottamaan.”

1940-luvun Casablanca oli lavastettu Hollywoodiin.

Tänään Hollywoodin versio on lavastettu Marokkoon.

Casablancasta löytyy nykyään Rick's Café, juuri samanlaisena kuin elokuvassa. Paino sanalla ”juuri”. Se on nimittäin kopio elokuvan lavasteista. Monet läpikulkumatkalla olevat turistit kuitenkin erehtyvät ihailemaan, kuinka muuttumattomana se onkaan säilynyt kaikki nämä vuodet.

Paikan omistaa amerikkalainen Kathy Kriger, joka on entinen diplomaatti. Kanta-asiakkaat kutsuvat häntä nimellä Madame Rick.

Hän itse näki ikonisen elokuvan vuonna 1974 Oregonissa kotikaupunkinsa Portlandin filmifestivaaleilla. Myöhemmin hän sai viran kaupallisena attaseana Marokon Casablancassa. Hän lähti sinne innoissaan, mutta pettyi karvaasti – siellä ei ollutkaan Rick's Caféta.

Hänestä se oli hukkaan heitetty markkinarako.

Perustelut sille, miksi hän päätyi itse avaamaan ravintolan, ovat – jos mahdollista – vieläkin naiivimmat.

New Yorkin vuoden 2001 terrori-iskujen jälkeen hän kauhistui, millainen muslimiviha siitä syntyi hänen kotimaassaan. Hän halusi tehdä ravintolastaan "esimerkin suvaitsevaisuudesta ja pakopaikan järkyttävästä maailmasta".

Hän löysi sitä varten vanhan upean rakennuksen läheltä meren rantaa. Se oli kuitenkin todella rapistunut. Sen kunnostaminen vei kaikki hänen rahansa ja vaati vielä lisää. Kriger organisoi varainkeruukampanjan kotimaassaan, mutta törmäsi odottamattomaan esteeseen. Lahjoittajat joutuivat tekemään yksityiskohtaisesti selkoa siitä, että eivät olleet rahoittamassa terrorismia lähettäessään rahaa muslimimaahan. Selityksistä huolimatta eräs lahjoittaja joutui FBI:n tiukkoihin kuulusteluihin.

Lopulta Kriger sai rahat kasaan, talon kunnostettua ja pääsi rekrytoimaan henkilökuntaa. Eräs ravintolapäälliköksi pyrkivä mainitsi osaavansa soittaa myös pianoa. Näytteeksi hän soitti *As time goes by*n. Hän sai paikan.

Miehen nimi on Issam Chabaa, ja hän on työskennellyt Rick'sissä jo pitkälle toista kymmentä vuotta. Hän soittaa yhä pianoa useana iltana viikossa. Toinen kanta-asiakkaiden lempisanonta on pyytää häneltä *"Play it again, Issam."*

Ravintolassa pyörii myös alkuperäinen *Casablanca*-elokuva suurella kankaalla jatkuvana luuppina.

Kriger, joka on eronnut ja jo yli 70-vuotias, sanoo aikovansa viettää paikassa loppuelämänsä. Hän siteeraa Rick Blainea sanoessaan "Aion kuolla Casablancassa. Se on ihan hyvä paikka siihen."

Elokuvassa esitetty kappale *As time goes by* on vähintään yhtä tunnettu klassikko kuin itse filmi. Oli kuitenkin vähällä, että se olisi leikattu pois ja korvattu toisella.

Se on peräisin alkuperäisestä näyttämöversiosta, mutta elokuvan musiikista vastannut Max Steiner ei pitänyt siitä. Siinä vaiheessa kohtaus oli kuitenkin ehditty kuvata ja Ingrid Bergman oli jo leikkauttanut hiuksensa seuraavaa rooliaan varten. Niin kohtausta ei voitu enää filmata uudelleen ja kappale sai jäädä.

Elokuvan ilmestymisen jälkeen *As time goes by* oli yli viisi kuukautta soitetuimpien radiokappaleiden listalla.

Niinpä.

"Play it again, Sam."

Tosin lause siteerataan aina väärin. Elokuvassa sanotaan oikeasti vain *"Play it, Sam."*

Mutta ehkä kyseessä on freudilainen lipsahdus. Mekin haluamme kokea *Casablancan* aina uudelleen. Juuri sellaisena.

Play it again.

SANZHI

TULEVAISUUDEN RAUNIOT

En enää muista missä tai milloin näin kuvat ensimmäisen kerran, mutta ne tallentuivat saman tien jonnekin aivojeni kovalevylle, arkistoivat itsensä muistiini.

Maisema oli mustavalkoinen, tai oikeastaan tummanharmaa.

Talot olivat oudon mallisia, kaarevaseinäisiä, kuin päällekkäin pinottuja tahkojuustoja. Ne näyttivät autioilta. Ikkunat olivat suuria, monet niistä olivat rikki. Kosteus oli piirtänyt juovia seiniin.

Tunnelma oli synkkä, uhkaava. Ei, ei sittenkään uhkaava, vain masentava, surullinen, toivoton.

Taloja oli yhä enemmän ja enemmän, jokaisen takaa niitä löytyi lisää. Kaikki olivat autioita, jotkut revenneet kyljestään kokonaan auki. Näin sisään huoneeseen, jossa ei ollut enää muuta kuin leveä sänky. Katto oli romahtanut, ikkuna poissa, ja etuseinä.

Alueen keskellä oli suuri lampi, jonka rannalla seisoi yksinäinen vesiliukumäki. Sen kylkeen oli maalattu graffiteja. Sitten taas lisää taloja.

Niissä oli jotakin oudon kiehtovaa, jotakin, joka ei vain jättänyt rauhaan.

Aloin etsiä paikasta lisää kuvia.

Jostakin syystä ne kaikki olivat mustavalkoisia. Kauan pidin koko paikkaa harmaana, kunnes sitten löysin värikuviakin ja näin, että rakennukset olivat alkujaan olleet todella värikkäitä, taivaansinisiä, ruohonvihreitä, pinkkejä ja kirkkaankeltaisia. Miksi niistä oli aina otettu vain mustavalkoisia kuvia?

Kuvaajat olivat halunneet alleviivata tunnelman synkkyyttä ja toivottomuutta.

Miksi?

Ensin löysin paikasta todellakin pelkkiä kuvia. Mutta vähitellen se alkoi kiertää mielessä niin, että minun oli pakko ryhtyä etsimään siitä lisää tietoa.

Paikka oli Sanzhi, tai San Zhi tai Sanjhih. Nimestä oli monta erilaista länsimaista kirjoitusasua, mutta vähä vähältä Google alkoi tarjota minulle lisää linkkejä.

Paikka sijaitsi Taiwanilla, vähän matkaa Taipein ulkopuolella, Uuden Taipein alueella. Se tunnettiin myös nimellä UFO-kylä.

Kylää oli alun perin ollut tarkoitus markkinoida amerikkalaiselle Aasiaan sijoitetulle sotilashenkilöstölle loma-asunnoiksi. Kautta Aasian on tällaisia paikkoja, jotka ovat olleet suosittuja amerikkalaissotilaiden lomakohteita. *R&R, Rest and Recreation*, niin kuin termi kuului, oli Korean ja Vietnamin sotien aikaan hengähdystauko, jolle miehet päästettiin aika ajoin taistelujen välissä.

Taipein UFO-kylähankkeen isä oli paikallinen muovitehtailija Co Yu-chou. Hän sai paikalle rakennusluvan vuonna 1978, ja talojen esikuvana olivat suomalaisen arkkitehdin Matti Suurosen kuuluisat Futuro-talot.

Puulaveden rannalle Hirvensalmelle oli suunniteltu lomakylää pyöreistä muovitaloista jo kymmenen vuotta aiemmin.

Niitä ei kuitenkaan ehtinyt nousta sinne kuin yksi, paikallisten raju vastustus kaatoi hankkeen. Jo sen ensimmäisen joku uhkasi räjäyttää ilmaan.

Arkkitehti Suuronen oli suunnitellut Futuro-talonsa prototyypin vanhalle koulutoverilleen, joka halusi hiihtomajan vaikeakulkuiseen maastoon lähelle Kalpalinnan laskettelurinteitä.

Suunnitteluprosessissa oli kyse puhtaasta matematiikasta, ja se johti lopulta talon pyöreään muotoon. Siihen taas muovi taipui puuta ja kiveä helpommin ja niin materiaaliksi valikoitui lujitemuovi. Suuronen halusi talonsa myös sarjatuotantoon ja suomalainen muovialan yritys innostui ajatuksesta.

Hiihtomaja, joka sai numeron #000, pystytettiin Turenkiin kesällä 1968. Prototyyppi oli valkoinen, mutta tuotantoon oli tarkoitus saada myös keltainen ja vaaleansininen versio.

Maja #001 olikin päältä kirkkaan keltainen. Sisältä se oli vielä kirkuvamman oranssi. Juuri se ehti ainoana nousta Hirvensalmelle, mutta maja pisti liikaa silmään perisuomalaisen järven rannalla. Sen osti TV-julkkis Matti Kuusla, ja kohun keskellä Apu-lehti intoutui julkaisemaan siitä ison jutun otsikolla "Matti munaa maisemaa".

Koko Futuro-hanke kaatuikin siihen, että se oli liian erikoinen herättääkseen tarpeeksi todellista kiinnostusta. Lopulta niitä valmistettiin Suomessa vain parikymmentä ja kaikkiaan alle sata koko maailmassa.

Toinen keltainen Futuro-talo vietiin saman vuoden syksyllä Lontooseen osana jotakin suomalaisen vientiteollisuuden kampanjaa. Se köllötti Thamesille ankkuroidun laivan kannella ja varasti koko shown esillä olleilta Marimekoilta ja designlaseilta.

Talo sai nopeasti kansainvälistä huomiota muuallakin. Samana päivänä kuin Apollo 11 laskeutui Kuuhun, *New York Times* uutisoi Futuro-talosta otsikolla "Lautasen mallinen talo laskeutuu Maahan".

Niitä alettiin lopulta valmistaa peräti kymmenessä maassa. Niistä tuli suosittuja varsinkin Japanissa, missä kevyiden muovitalojen valtti oli se, että ne kestävät maanjäristyksiä.

Futuro-taloa tehtiin tunnetuksi muun muassa muovitalomessuilla (sic!). Siihen aikaan todella uskottiin muovirakentamisen tulevaisuuteen, jos niille oli jopa ikiomia messuja.

Suuronen suunnitteli vielä muitakin kevyitä, siirrettäviä muovitaloja, joista tunnetuin on neliskanttinen Venturo. Niitä markkinoitiin maailmalla yhteisnimellä Casa Finlandia.

Futuro oli herättänyt kiinnostusta myös tilapäisrakennuksiksi katastrofialueille, mutta siihen tarkoitukseen olisi tarvittu paitsi kevyitä myös halpoja ratkaisuja. Ja halpoja Futurot eivät todellakaan olleet.

Koko muovirakentamisen buumi kaatui lopulta 1970-luvun alun öljykriisiin, jolloin muovin hinta kolminkertaistui. Silloin loppui myös Futurojen sarjavalmistus Suomessa.

Nyt ne ovat trendikkäitä keräilyharvinaisuuksia.

Maja #001 – juuri se jonka oli omistanut Matti Kuusla – on nykyisin WeeGee-museon pihalla Espoossa. Kesäisin sinne pääsee myös sisälle. Muutama vuosi sitten sen viereen hankittiin myös Venturo, joka oli aiemmin toiminut huoltoasemana Ylöjärvellä.

Vain kaksi vuotta Taipein UFO-kylän aloittamisen jälkeen taiwanilaisen muovitehtailijankin hankkeen rahoitus ehtyi, ja rakentaminen jäi kesken.

Sanzhin taru ei kuitenkaan loppunut aivan niin lyhyeen.

Vuonna 1989 Taipein Hilton-hotellin johtajana oli juuri aloittanut mies nimeltä Hung Kuo, ja hän halusi innokkaasti laajentaa turismiliiketoimintaa. Kun paikallisen olutravintolaketjun omistaja Tsai Chin-hsien esitteli hänelle suunnitelman jatkaa UFO-kylän rakentamista, Hung Kuo innostui ajatuksesta heti. Hän lupautui hankkeen vetäjäksi ja takasi sille 800 miljoonan Taiwanin dollarin (noin 24 miljoonaa Yhdysvaltain dollaria) rahoituksen.

Heidän tarkoituksenaan oli rakentaa lomakylä valmiiksi ja sen keskelle valtava oluttupa.

Nyt kuitenkin törmättiin toisenlaiseen ongelmaan. Vaikka talojen esikuvana oli ollut muovinen Futuro-talo, niiden rungot oli rakennettu betonista ja vain peitetty lujitemuovilla. Tällainen rakenne ei kestäisi maanjäristyksiä, jotka ovat ikuinen uhka Taiwanilla.

Oliko muoviarkkitehtuuri ollut todellakin niin trendikästä, että betonitalotkin oli pitänyt naamioida muovisiksi? Vai oliko kyse ollut vain estetiikasta, kauniista pinnasta?

Tyhjästä aloittaminen olisi kuitenkin tullut liian kalliiksi, eivätkä Hung Kuo ja Tsai Chin-hsien päässeet yhteisymmärrykseen siitä, miten jatkaa. Niin alueen rakentaminen jäi toistamiseen kesken.

Paikka sai lopulta lempinimen "Tulevaisuuden rauniot".

Autiotaloja on muuallakin kuin Sanzhissä tai Kainuun korvessa, josta kansa on muuttanut leveämmän leivän ääreen. Eri puolilla maailmaa on kokonaisia hylättyjä kaupunkeja.

Kuuluisimpia ovat tietenkin ydinkatastrofeihin liittyvät paikat kuten Pripjat lähellä Tshernobyliä ja Fukushima Japanissa.

Sodat ovat tuhonneet kaupunkeja joka puolella maailmaa, eikä niitäkään kaikkia ole enää rakennettu uudelleen. Osa on jäänyt raunioiksi, koska siellä asuneet ihmiset eivät enää ole palanneet. Toiset on jätetty korjaamatta tarkoituksella muistuttamaan sodan kauhuista, kuten ranskalainen Oradour-sur-Glanen kylä, jonka kaikki asukkaat SS-joukot tappoivat vuonna 1944.

Useiden taustalta löytyy kuitenkin taloudellisia syitä.

Namibiassa on jäänyt tyhjilleen useita 1900-luvun alun timanttibuumin aikaan rakennettuja kaupunkeja, kun timanttien hinta romahti ensimmäisen maailmansodan jälkeen. Saksalaisten asuttaman Kolmanskopin aaltopeltiset kaivosrakennukset ja komeat hotellit ovat kaikki nyt hiekkaan hautautumassa. Yhdessä ikonisessa kuvassa nököttää vain yksinäinen kylpyamme aavikolla.

Samanlaisen kohtalon on kokenut moni kullankaivajakaupunki Kaliforniassa ja Alaskassa.

Kuinka monen ihmisen tulevaisuuden haaveet niihin ovat hautautuneet?

Paljon on aivan uusiakin suuria rakennusprojekteja, jotka ovat jääneet vaille asukkaita, kun maailmantalouden suhdanteet ovat muuttuneet. Kiinalaiset rakensivat Angolan pääkaupungin Luandan ulkopuolelle hulppean Kilamba New Cityn, jossa on asuntoja jopa puolelle miljoonalle asukkaalle. Ikävä kyllä ne olivat niin hulppeita, ettei angolalaisilla ollut niihin varaa ja lopulta alueelle muutti vain kourallinen suunnitellusta väestömäärästä.

Nämä ovat kapitalismin kääntöpuolen muistomerkkejä, tyhjiä toiveita.

Vaikka alkuperäisen Sanzhi-hankkeen epäonnistumisen virallinen syy oli ollut rahoituksen ehtyminen, sille tarjottiin myös muita selityksiä.

Rakennustöiden aikana oli paikan ohittavalla maantiellä alkanut sattua käsittämättömiä auto-onnettomuuksia. Tie oli suora ja hyväkuntoinen eikä sääkään ollut huono, silti autot kolaroivat tuhoisin seurauksin.

Itse työmaalla taas tehtiin useita itsemurhia.

Kansan keskuudessa levisi pian uskomus, että koko hanke oli kirottu.

Huhu kertoi, että rakennustöiden alussa paikalta oli löytynyt yli 20 000 luurankoa. Perimätiedon mukaan siellä oli joskus 1600-luvulla sijainnut hollantilaisten sotilaiden hautausmaa. Jotkut väittivät, että rakentaminen oli häirinnyt heidän sielujaan, ja ne olivat ryhtyneet kummittelemaan.

Monien rakennusmiesten kerrotaan jättäneen työt kesken ja kieltäytyneen palaamasta paikalle, koska he olivat kohdanneet siellä aaveita. Itsemurhien arveltiin olleen äärimmäisiä reaktioita tällaiseen kohtaamiseen. Vaeltelevia rauhattomia henkiä epäiltiin myös noiden selittämättömien auto-onnettomuuksien aiheuttajiksi.

Mahdollisena syynä kiroukselle pidettiin myös sitä, että alueen portilla olevaa pyhää lohikäärmeveistosta oli vahingoitettu.

Alueen sisäänkäynnin kohdalla oli ollut suuri betoninen lohikäärme. Mutta kun tietä oli jouduttu leventämään rakennuskoneita varten, se tuhottiin ainakin osittain, ellei peräti kokonaan.

Kiinalaisessa mytologiassa lohikäärme on pyhä eläin, joka edustaa hyvää onnea ja energiaa ja tuo vaurautta. Sen vahingoittaminen taas kääntää kaiken tuon päinvastaiseksi.

Minua viehättääkin enemmän tämä selitys kuin teoria hollantilaisten sotilaiden hengistä. Tarinahan todellakin päättyi siihen, että molemmat yrittäjät menettivät varansa.

Tuhoamalla veistoksen rakennusmiehet olivat tehneet paikasta kirotun.

Mutta miksi lohikäärmeveistoksen vahingoittamisella uskottiin olleen niin järkyttäviä seurauksia? Ensimmäisenä mieleen tulevat vain kaikki ne tarinat, joissa sankarit saivat prinsessan ja puoli valtakuntaa nimenomaan voitettuaan ja tuhottuaan tulta syöksevän lohikäärmeen.

Kiinalaisella lohikäärmeellä, *long*illa, ei ole kuitenkaan mitään tekemistä länsimaisen taruston hirviön kanssa.

Lohikäärme ja tiikeri ovat kiinalaisen mytologian voimakkaimmat eläimet ja niiden välinen taistelu on äärimmäisten voimien koettelua. Sanonta "hiipivä tiikeri, piilotettu lohikäärme" – joka oli vuosien takaisen menestyselokuvankin nimi – tarkoittaa nimenomaan piileviä kykyjä.

Lohikäärmeellä on lukuisia myyttisiä voimia. Se voi naamioitua silkkiäistoukaksi tai kasvaa maailmankaikkeutta suuremmaksi. Se voi vaihtaa väriä, loistaa pimeässä ja jopa muuttua näkymättömäksi. Joskus sille on piirretty myös siivet, mutta tarujen lohikäärme ei tarvitse niitäkään lentääkseen.

Lohikäärme on Kiinan keisarien symboli, ja usein jopa koko maan. Kiinan keisarin valtaistuin tunnetaan lohikäärmevaltaistuimena ja lohikäärme koristi aikanaan myös Kiinan lippua.

Tarun mukaan legendaarinen heimopäällikkö Yandi syntyi äitinsä telepaattisesta suhteesta mahtavan lohikäärmeen kanssa. Yhdessä veljensä Huangdin kanssa hän loi perustan kiinalaiselle sivilisaatiolle kukistamalla muut Keltaisen joen alueella asuneet heimot. Huangdi – josta tuli yhdistyneen Kiinan ensimmäinen keisari – puolestaan muuttui kuollessaan lohikäärmeeksi.

Nykyisin kiinalaiset katsovat periytyvänsä kaikki Yandista ja Huangdista, siis viime kädessä lohikäärmeestä.

Huangdin vaakunassa oli alkujaan tavallinen käärme, mutta aina jonkin heimon kukistettuaan, hän lisäsi tämän heimon tunnuseläimen vaakunaansa, ja tästä syystä keisarillisella lohikäärmeellä on nykyisin hyvin monen eri eläimen piirteitä. Sillä on katkaravun silmät, kauriin sarvet, härän suuri suu, koiran kuono, kissakalan viikset, leijonan harja, käärmeen pitkä häntä, kalan suomut ja haukan kynnet.

Lohikäärmeellä sanotaan olevan myös yhdeksän poikaa, jotka kaikki ovat ominaisuuksiltaan ja ulkonäöltään erilaisia ja jotka esiintyvät eri yhteyksissä. Niistä vanhin Bixi, esimerkiksi, muistuttaa enemmän kilpikonnaa ja se kantaa raskaita taakkoja. Siksi se on usein kuvattu hautamuistomerkkien ja muiden monumenttien jalustoihin. Keltaisen ja suomuisen Yazin taas sanotaan rakastavan musiikkia ja siksi se koristaa yleensä instrumentteja.

Keisarillisissa palatseissa kaikki nämä erimuotoiset pojat on kuvattu reliefeinä niin sanottuun Yhdeksän lohikäärmeen seinään, jonka taakse pääsevät vain kaikkein korkea-arvoisimmat vieraat.

Keisareihin liittyvä symboliikka kehittyi vähitellen yhä monimutkaisemmaksi. Jossain vaiheessa keisaria edusti viisikyntinen lohikäärme, aatelisto sai käyttää nelikyntistä ja ministerit kolmekyntistä. Nykyisin lohikäärmettä ei kuitenkaan enää pidetä valtiollisen vallan vaan kiinalaisen kulttuurin symbolina.

Mutta yhä on tabu turmella lohikäärmeen kuvaa.

Rakennushankkeiden kaaduttua viranomaiset sulkivat koko Sanzhin alueen ja kielsivät pääsyn sinne ehdottomasti.

Kummitustarinoiden vuoksi Sanzhin raunioista tuli kuitenkin pian suosittu vaihtoehtoturismin kohde. Sinne alkoi matkustaa kaikenlaisia kauhuelämysten metsästäjiä, joille alueen sulkeminen ulkopuolisilta toi vain lisäjännitystä. Monilla kummitusmatkailusta kertovilla sivustoilla oli tarkat ohjeet, miten paikalle pääsi Taipeista.

Taas törmään ilmiöön, josta en ole ikinä aiemmin kuullutkaan.

Kummitusmatkailu.

Aiheelle on omistettu lukuisia sivustoja ja kohteita näyttää olevan pilvin pimein joka puolella maailmaa.

Matkoja ihmisille, jotka ovat nähneet jo kaiken?

Henkistä seikkailumatkailua?

Verkkosivustolla *The Haunt* opastetaan muun muassa, että kummitusretkiä on monenlaisia, eivätkä kaikki niistä ole järkyttäviä. Monet sopivat aivan hyvin myös lapsiperheille. Sivuston mukaan ne voivat myös tarjota uuden näkökulman jo kuluneeseen matkakohteeseen.

Todellisille asianharrastajille puolestaan on aivan omia matkoja. Järjestäjällä on tällöin tarjolla myös aaveidenmetsästysvälineitä, kuten infrapunamittareita, bionisia kuuntelulaitteita ja taikavarpuja – tosin monilla osallistujilla on mukana omansa.

Meillä on tapana pakata aina matkalle mukaan oma maski ja snorkkeli. Joku toinen pakkaa oman taikavarpunsa.

Koko Sanzhin alue päätettiin viimein purkaa. Vuoteen 2010 mennessä kaikki rakennukset oli tuhottu maan tasalle, vaikka oli esitetty vetoomuksia, että edes yksi taloista säilytettäisi museona.

Paikalle alettiin rakentaa kaupallista lomakylää ja vesipuistoa.

Väkisin herää kysymys mitä hollantilaisten sotilaiden henget siitä pitävät?

Taiwanilla on kuitenkin jäljellä vielä toinen UFO-kyläksi kutsuttu paikka, Wanli. Siellä on useita oikeita Suurosen Futuro- ja Venturo-taloja – jotka tosin ovat piraattikopioita, mutta aivan aidon näköisiä.

Jotkut taloista on viime aikoina kunnostettu ja niissä asutaan jälleen. Yksi vakituisista asukkaista oli mukana jo ensimmäisiä taloja pystyttämässä.

Suurin osa alueesta on kuitenkin nyt rakennusliikkeen omistuksessa. Wanli saattaa siis kokea saman kohtalon kuin Sanzhi: alkuperäiset muovitalot puretaan ja tilalle rakennetaan jotain viimeisimmän muodin mukaista.

Helsingin Sanomat teki jutun Wanlista keväällä 2021. Siinä sanotaan muun muassa:

> *Kylä näyttää hylätyltä. Futuroiden pinta on tummunut liasta, puut tunkevat niiden sisään. Venturoiden kattoja on romahtanut, seinättömästä kohdasta kulkijaa tuijottaa vessanpytty.*
>
> *Paikalliset sanovat, että täällä kummittelee.*

Kuulostaa oudon tutulta...

BUGARACH

AINOA PAIKKA JOKA SELVIÄÄ MAAILMANLOPUSTA

Syksyllä 2012 ranskalaisen Bugarachin pormestari alkoi olla huolissaan. Paikka on pieni alle 200 asukkaan kyläpahanen Pyreneillä, mutta sinne oli alkanut virrata yhä enemmän ja enemmän väkeä eri puolilta maailmaa.

Erään uskomuksen mukaan kylän lähellä sijaitseva Bugarachin vuori on itse asiassa UFOjen tukikohta ja kun maailmanloppu koittaisi joulukuun 21. päivänä 2012, avaruusolennot pelastaisivat kaikki vuorelle kiivenneet kuin Nooan arkkiin.

Atlantin yli huhuttiin saapuvan useita täysiä lentoja, joille oli varattu pelkkä menolippu. Hippien kerrottiin rakentaneen bunkkereita kylän alle, ja puolialastomien ihmisten väitettiin vaeltavan ylös vuorelle pitkinä kulkueina kelloja soittaen.

Jopa 100 000 ihmisen pelättiin saapuvan paikalle tuona päivänä, ja huolestunut pormestari pyysi valtiolta virka-apua turvaamaan paikkaa.

Mistä tällaiset uskomukset syntyvät?

Miten ne leviävät pitkin palloa? Miten joku Yhdysvalloissa saa päähänsä, että hänen on päästävä pieneen ranskalaiseen kylään, kun maailmanloppu koittaa?

Tällaiselle on helppo nauraa, kun sitä katsoo sivusta.

Mutta jokaista meistä ajatus maailmanlopusta kiehtoo hiukan, halusimmepa myöntää sen tai emme. Miten muuten Hollywood olisi ansainnut miljoonia tekemällä elokuvan joukkotuhosta juuri vuonna 2012? (Hyvissä ajoin etukäteen tietenkin.)

Kun nykyään seuraa uutisia, ei maailmanlopulle edes tarvita mitään yliluonnollisia selityksiä. Ei tarvita jumalten kostoa eikä UFO-laivuetta ulkoavaruudesta, ei taivaalta syöksyvää meteoria eikä mannerlaattojen törmäyksiä. Näyttää siltä, että ihmiset pystyvät tuhoamaan koko tämän planeetan aivan itse.

Ja, kuten sanonta kuuluu, sen jälkeen jäljelle jäävät vain torakat (ja Keith Richards).

Mutta miksi juuri pieni kylä Pyreneillä voi tarjota pelastuksen?

Pic de Bugarach on Corbières'n vuorijonon korkein huippu, joka kohoaa 1 230 metriin.

Se on syntynyt maanjäristyksen työntäessä Iberian laatan pohjoisemman mannerlaatan päälle. Tästä syystä vuoren ylemmät osat ovat geologisesti vanhempaa kerrostumaa kuin alemmat. Myös vuoren muoto on omituinen. Näyttää siltä kuin sen huippu olisi räjähtänyt ilmaan ja sitten pudonnut takaisin väärin päin. Paikalliset kutsuvat sitä "ylösalaiseksi vuoreksi".

1960-luvulla se alkoi kiehtoja hippejä ja myöhemmin *New Age* -uskovaiset väittivät, että se lähettää magneettisia aaltoja.

Vuori on täynnä kalkkikiviluolia, jotka yhdistyvät käytävillä toisiinsa loputtomaksi verkostoksi. Luolastosta kaikuu välillä outoja ääniä. Huipun ympärillä on myös nähty kummallisia valoilmiöitä.

Joku alkoi levittää "tietoa", että vuori on UFOjen laskeutumispaikka. Kun sitä kerrottiin yhä eteenpäin, niin vuoren sisällä oli lopulta kokonainen UFOjen maanalainen parkkitalo. Ihmiset vaelsivat rinteillä etsimässä jälkiä avaruusaluksista.

Valkokaapuiset *New Age* -uskovaiset olivat tavallinen näky Bugarachin kylän kujilla, ja matkailusta oli tullut alueen toinen pääelinkeino.

Kaikenlaisilla esoteerisilla kulteilla on Auden maakunnan alueella jo pitkä historia.

Kylpyläkaupunki Rennes-Le-Chateau on kuuluisa kätkettyihin aarteisiin liittyvistä legendoista. Niiden mukaan yksi näistä olisi peräti Graalin malja.

Kyllä, juuri se, jota etsivät Pyöreän pöydän ritarit ja Temppeliherrat ja Indiana Jones. Se esiintyy myös Wagnerin oopperoissa ja Monty Pythonin elokuvassa *Hullu maailma*. Sen on väitetty sijaitsevan Jerusalemissa ja Skotlannissa ja Glastonburyssa.

Keskiajalla se yhdistettiin usein kataarien vuorilinnoitukseen Montségurissa.

Kataarilaisuus on keskiaikaisesta gnostilaisuudesta ja manikealaisuudesta polveutuva lahko, jonka katolinen kirkko on julistanut harhaoppiseksi. Sen harjoittajia oli muuttanut Auden alueelle 1200-luvulla, kun Paavi Innocentius III oli ajanut heidät pois Languedocista.

Kun heidän linnoituksensa silläkin oli vallattu, pienen joukon uskovaisia kerrottiin päässeen pakenemaan verilöylystä mukanaan "kataarien aarre". Luultavasti kyseessä oli vain kokoelma pyhiä gnostilaisia kirjoituksia, mutta vuosisatojen kuluessa sekin muuttui Graalin maljaksi.

Myös Raamatun Maria Magdaleenan on huhuttu paenneen tälle alueelle ollessaan raskaana Jeesukselle. Villeimmät tarut väittävät, että Jeesus ei lainkaan kuollut tai ainakaan noussut taivaaseen, vaan vietti salaista avioelämää Mariansa kanssa juuri tässä osassa Ranskaa. Nämä kertomukset levisivät suuren yleisön tietoisuuteen viimeksi Dan Brownin menestyskirjan (ja elokuvan) *Da Vinci koodin* myötä.

Vuonna 2006 eteläranskalainen pienkustantamo julkaisi Jean d'Argounin pienoisromaanin nimeltä *Révélation sur le Mont Bugarach* (Paljastus Bugarachin vuorella). Kirjoittajan kerrottiin olevan ufologi ja selvänäkijä, joka oli jo julkaissut muitakin kirjoituksia alueen mysteereistä ja joka ennusti Jeesuksen toista tulemista.

Tarinassa hän kertoo kohdanneensa olennon, jota kutsuu koodinimellä Metaxa. Juuri tämä olento ilmoittaa, että pian tapahtuisi jotakin Bugarachin vuorella. Kaikkien salaliittoteorioiden tapaan hän väittää, että maailman valtioiden hallitukset ovat toki tästä tietoisia, mutta ovat tarkoituksella kieltäneet julkistamasta mitään UFOihin liittyvää tietoa.

Metaxan mukaan Bugarachin vuoren uumeniin on haudattu kuningas Nimrodin alus. Kirjoittaja jatkaa kuitenkin, että kyse ei ole sadoista avaruusaluksista eikä niiden ulkoavaruudesta tulleista miehistöistä, vaan vain yhdestä Oliosta. Mikä tämä Olio on, se oli suurin Nimrodin vartijoiden varjelema salaisuus ja se oli kuulemma luvattu kertoa hänelle Bugarachin vuorella olevassa luolassa elokuun 11. päivänä vuonna 2012.

Tarina sisältää runsaasti muitakin elementtejä, jotka ovat tuttuja tieteis- ja fantasiakirjallisuudesta aina Lovecraftin ajoista saakka. D'Argoun ei kuitenkaan ennusta maailmanloppua.

Neljä vuotta myöhemmin, marraskuussa 2010, paikallinen sanomalehti *L'Indépendant* julkaisi artikkelin, joka oli otsikoitu "Bugarach, ainoa paikka joka selviää maailmanlopusta". Sen haastattelussa kylän pormestari ensimmäisen kerran kertoo huolestumisestaan siitä, että Bugarach yhdistetään vuoden 2012 maailmanlopun ennustuksiin.

Muutkin alueen lehdet alkoivat pian julkaista artikkeleita aiheesta ja vähitellen se ylitti uutiskynnyksen myös kansallisesti ja lopulta kansainvälisestikin. Huhu kasvoi kasvamistaan ja ruokki itseään.

Lisää kierroksia huhumylly sai, kun *Parisien*-lehdessä kerrottiin, että läheisen Laroque-de-Fan pellolta oli löytynyt 57-vuotiaan miehen ruumis. Mies oli erakko ja oli tehnyt itsemurhan. Vainajalla oli mukanaan laukku, jossa oli 17 000 euroa, esoteerisiä kirjoja sekä Bugarachiin liittyviä kirjoituksia. Myöhemmin eräs toinen lehti haastatteli kuolleen miehen isää, joka kertoi ettei mies ollut pelännyt maailmanloppua, oli vain halunnut itse nähdä miltä Bugarachin vuori näytti. Tapaukseen liittyvä tutkinta kuitenkin piti paikkakunnan tiukasti otsikoissa.

2012 ei suinkaan ole ainoa vuosi, jolloin maailman on ennustettu loppuvan. Näitä profetioita on riittänyt lähes joka vuodelle jo muinaisesta Assyriasta saakka.

Varsinkin tasaisissa vuosiluvuissa on nähty enteitä. Vuonna 500 odotettiin Jeesuksen toista tulemista ja useat eurooppalaiset kristityt – mukaan lukien paavi Sylvester II – ennustivat maailmanlopun koittavan 1.1.1000.

Tuhatvuotisen valtakunnan tai uuden taivaallisen aikakauden alkamista vuonna 2000 ennustivat muun muassa mormonit, moonilaiset, teosofian perustaja madame Blavatsky, psyykikko Edgar Cayce ja jopa Isaac Newton.

Y2K-tietokonevirheen puolestaan odotettiin aiheuttavan maailmanlaajuisen katastrofin 1.1.2000. Sen oletettiin kaatavan tietojärjestelmiä ja aiheuttavan virhetoimintoja, joiden seurauksena koko yhteiskunta lakkaisi toimimasta. Jotkut kristityt kirjailijat väittivät Y2K-ongelman synnyttävän globaalin talouskriisin, jota Antikristus käyttäisi hyväkseen noustakseen valtaan.

Tietokonevirhe aiheuttikin joitakin ongelmia, mutta mikään niistä ei ollut suuri katastrofi. Amerikkalaisten vakoilusatelliittien ohjelmistot tosin kaatuivat usean päivän ajaksi, mutta ei sitä kukaan muu huomannut.

Ugandassa sen sijaan kuoli sinä päivänä 778 uskonnollisen liikkeen seuraajaa. Kuolemantapausten oletettiin olleen joko joukkoitsemurha tai ryhmän johtajien järjestämä joukkomurha heidän maailmanlopun ennustuksensa jäätyä toteutumatta.

Kun maaginen päivämäärä 21.12.2012 alkoi lähestyä ranskalainen uskonnollisia lahkoja seuraava virasto (sic!) *Mission interministérielle de vigilance et de lutte contre les dérives sectaires,* lyhennettynä Miviludes, alkoi tarkkailla Bugarachin kylää aktiivisesti.

Vuoden 2010 loppuun mennessä he olivat jäljittäneet jo kaksi ja puoli miljoonaa verkkosivua, joilla viitattiin Bugarachiin maailmanlopun ennustusten yhteydessä. Sen jälkeen niiden määrä alkoi kasvaa sellaista vauhtia, että niitä oli mahdotonta enää laskea.

Miviludes pelkäsi samankaltaista tragediaa kuin oli tapahtunut vuonna 2000 Ugandassa ja aiemmin Auringon temppeli- ja Taivaan portti -kulttien piirissä.

Auringon temppeli oli ruusuristiläinen lahko. Sen kannattajat uskoivat, että maailma tulisi tuhoutumaan tulessa, ja että heidän olisi lähdettävä valo-olentoina Sirius-tähdelle. Lokakuussa 1994 kultin tiloissa Quebecissä joukko sen jäseniä teki itsemurhan, osa taas surmattiin, heidän joukossaan kolmen kuukauden ikäinen vauva. Kaikkiaan 53 kuollutta löytyi tuolloin poltettujen huviloiden raunioista Kanadassa ja Sveitsissä. Seuraavana vuonna tapahtui Ranskassa toinen saman lahkon murharituaali, jonka jäljiltä poliisi löysi syrjäiseltä metsäaukealta Alpeilla 16 karrelle palanutta ruumista. Näidenkin uhrien joukossa oli myös lapsia.

Vuonna 1997 amerikkalaisen Taivaan portti -kultin johtaja Marshall Applewhite puolestaan väitti avaruusaluksen seuraavan Hale-Bopp komeettaa ja esitti itsemurhan olevan ainoa tapa evakuoida Maa. Näin kultin jäsenten sielut voisivat nousta väitetyn aluksen kyytiin ja päästä tätä kautta ihmistä korkeammalle olemassaolon tasolle. Myös Applewhite ja 38 hänen seuraajaansa suorittivat joukkoitsemurhan.

Mikä saa ihmiset uskomaan näin vakaasti?

Muistan hämärästi lehdissä aikanaan olleen kohun Lappiin asettuneesta "heimosta", joka pukeutui kuin Amerikan alkuperäiskansat ja asui tiipiissä. Mieleeni ei kuitenkaan ollut jäänyt muuta kuin, että he paljastuivat ihan tavallisiksi eurooppalaisiksi ja heidät karkotettiin lopulta maasta.

Kohu unohtui, sana "elämäntapaintiaani" jäi elämään.

YLE esitti jokin aika sitten peräti neliosaisen dokumentin aiheesta, ja totuus paljastui tässäkin tarua ihmeellisemmäksi.

"Heimon" – he alkoivat myöhemmin kutsua itseään iridiamanteiksi – ensimmäinen leiri oli ollut melkein keskellä Pariisia. Tästä syystä suurin osa heistä olikin ranskalaisia. Saatuaan häädön Pariisista, he siirtyivät Brysseliin ja mukaan liittyi belgialaisia.

Myöhemmin vaiheet alkoivat olla yhä kirjavampia. Osa joukosta käveli halki Euroopan. Heidän alkuperäisenä tarkoituksenaan oli matkata jalan koko maailman ympäri. Miksi? Se ei oikein selvinnyt minulle edes dokumentista. Matkaan arvioitiin kuluvan 16 vuotta. He patikoivatkin parin vuoden ajan, mutta eivät päässeet Italiaa kauemmas.

Kaikkialla he ajautuivat ennemmin tai myöhemmin törmäyskurssille viranomaisten kanssa.

Osa heimolaisista asettui Pohjois-Ruotsiin. Sieltä he päätyivät seuraavaksi Suomen puolelle Lappiin, jossa joukko nääntyneitä marssijoita liittyi heihin myöhemmin.

Uskomattomin oli kuitenkin heimon johtohahmo, jota kutsuttiin puhemieheksi. Hän oli kotoisin Kanadasta ja hän väitti olevansa puoliksi micmac-intiaani. Väite ei pitänyt paikkaansa. Lopulta kävi ilmi, että hän oli klassinen huijari, jolla oli toistakymmentä eri henkilöllisyyttä ja lukemattomia petossyytteitä eri maissa.

Heimolaiset olivat kuitenkin aivan tavallisia vaihtoehtoisesta elämäntavasta kiinnostuneita nuoria. Dokumentissa he kertoivat hyvin avoimesti ja rehellisesti sekä odotuksistaan että yhä katkerammiksi muodostuneista kokemuksistaan.

Miten he olivat hurahtaneet huijaukseen? Salaisuus oli siinä, että tavoite kuulosti hyvältä: yrittää elää harmoniassa luonnon kanssa kiireisen markkinayhteiskunnan ulkopuolella. He kaikki uskoivat siihen. Puhemies ei, mutta se selvisi heille vasta vuosien kuluttua. Näin jälkikäteen haastateltavat ihmettelivät itsekin, miten he eivät olleet aiemmin tajunneet tulleensa mielipuolen hyväksi käyttämiksi.

Elämään harmoniassa luonnon kanssa he kaikki uskovat edelleen.

Jotkut *New Age* -liikkeet tulkitsivat vuoden 2012 uuden henkisemmän aikakauden aluksi, mutta useimmat niistäkin odottivat maailmanloppua. Jälkimmäinen tulkinta viehätti enemmän myös suurta yleisöä.

Tuona päivänä odotettiin tapahtuvaksi aurinkomyrskyjä, tulivuorenpurkauksia, tuhotulvia ja jopa napojen kääntyminen. Kaikki tuomiopäivän ennustukset yhdistettiin tähän päivämäärään. Tieteelliseksi tueksi teorialle otettiin talvipäivänseisauksen ja erilaisten tähtitieteellisten ja astrologisten ilmiöiden osuminen yksiin juuri tuolloin.

Päivämäärä 21.12.2012 perustuu kuitenkin vanhaan maya-kalenteriin.

Mayojen niin sanotun Pitkän kalenterin avulla hallitaan "Suurta kiertokulkua", joka on noin 13 b'ak'tunia. Sitä pidetään maailman keskimääräisenä ikänä. Vuosi 2012 on Pitkässä kalenterissa kolmannentoista b'ak'tunin loppukohta.

Muinaisen Tortugueron kylän kaivauksissa löytyneen kivitaulun perusteella tälle tapahtumalle onnistuttiin laskemaan tarkka päivämäärä, joka on joko kyseisen vuoden joulukuun 21. tai 23. päivä. Taulun kulma oli kuitenkin murtunut juuri siitä kohtaa, josta olisi käynyt selville, mitä silloin pitäisi tapahtua.

Mutta mayat eivät olleet ennustaneet maailmanloppua. Kyseinen päivä tarkoittaa vain uuden Suuren kiertokulun alkua, jolloin ajanlasku aloitetaan jälleen alusta. Maya-kalenteri ei ole lineaarinen, vaan toistuva, itämaisten uskontojen tapaan se kuvaa ajan jatkuvaa kiertoa. Mayat uskovat, että maailma kuolee joka päivä kun aurinko laskee ja joka kerta kun sato korjataan. Sen jälkeen se syntyy aina uudelleen.

Tutkija David Stuart tunnusti myöhemmin olevansa pitkälti vastuussa maailmanlaajuisesta kohusta. Hän oli tallentanut tutkimustietokantaan alustavan tulkinnan noista kaiverretuista merkeistä ja otsikoinut sen puolihuolimattomasti ”Tortugueron ennustukseksi”. Hän ei osannut lainkaan aavistaa, millaisen pöhinän moinen sanavalinta sai aikaan *New Age* -liikkeiden sivustoilla ja keskustelufoorumeilla.

Minulle ja muille ikäisilleni Vesimiehen aika eli *New Age* tuo ensimmäiseksi mieleen musikaalin *Hair*. Sen musiikki soi 1960-luvun lopulla kaikilla radiokanavilla ja hurmasi yhden kokonaisen sukupolven.

Sen myötä Vesimiehen aika alettiin yhdistää ennen muuta hippiliikkeeseen.

Musikaalin avauskappaleessa lauletaan ”Tämä on Vesimiehen ajan aamunkoitto”. Sen jälkeisillä runollisilla säkeillä Kuusta seitsemännessä huoneessa ja Jupiterista samalla linjalla Marsin kanssa ei tosin ole mitään tekemistä sen enempää varsinaisen tähtitieteen kuin astrologiankaan kanssa – Jupiter ja Mars ovat kohdakkain useita kertoja vuodessa ja Kuu seitsemännessä huoneessa kaksi tuntia joka vuorokausi. Mutta meihin nuoriin vetosivatkin ennen muuta niitä seuraavat säkeet, joissa lauletaan että "rauha ohjaa planeettoja ja rakkaus tähtiä".

Vesimiehen aika on astrologinen ajanjakso, jolloin Aurinko on kevätpäiväntasauksen aikaan Vesimiehen tähdistössä. Vaikka kyse on tähtitieteeseen liittyvästä mitattavissa olevasta jaksosta, se voidaan silti laskea monella eri tavoin, ja joidenkin mukaan Vesimiehen aika ei ole vieläkään koittanut. Arviot sen alkamisesta heittävät vuodesta 1433 vuoteen 3597. Vuosi 2012 mahtuu siis hyvin tuohon haarukkaan.

Astrologiassa Vesimiehen aika yhdistetään demokratiaan, vapauteen, solidaarisuuteen, henkisyyteen, idealismiin ja kapinaan. Monet astrologit pitävät sitä aikakautena, jolloin ihmiskunta ottaa käsiinsä niin oman kuin maapallonkin kohtalon, jolloin totuus paljastuu ja tietoisuus laajenee, ja jolloin älyllinen valaistuminen valjastetaan yhteisen hyvän edistämiseen.

Oppi Vesimiehen ajasta ei kuitenkaan ole mikään hippien keksintö, se oli jo aiemmin sisältynyt monien vaihtoehtoisten hengellisten liikkeiden uskomuksiin. Sen olivat omaksuneet niin ruusuristiläiset kuin teosofitkin.

Monet pitävät *New Age* -liikkeen perustajana teosofia nimeltä Alice Bailey. Termi ei tosin ole hänenkään keksimänsä, mutta hän viljeli sitä runsaasti kirjoituksissaan, joihin monet muut sitten myöhemmin viittasivat.

Alice Bailey oli syntyjään englantilainen. Hän tutustui teosofiaan muutettuaan 1900-luvun alussa Yhdysvaltoihin ja saavutti nopeasti liikkeessä merkittävän aseman.

Liike ajautui kuitenkin pian sisäisiin riitoihin, ja niin sanotut "uusteosofit" erkanivat siitä omaksi lahkokseen. Alice Bailey kannatti suuntausta, joka pitäytyi tiukemmin liikkeen alkuperäisissä opeissa. Hän johti seuran Esoteerista jaostoa, mutta joutui lopulta erotetuksi siitäkin.

Sen jälkeen Bailey keskittyi kirjoittamiseen. Tekstejä ilmestyi kaikkiaan 24 nidettä ja hän väitti, että suurimman osan niistä oli sanellut telepaattisesti hänen tiibetiläinen Viisauden Mestarinsa.

Alice Baileyn ajatukset vaikuttivat moniin myöhempiin liikkeisiin, jotka liittyvät muun muassa henkiparantamiseen, uuspakanallisuuteen ja UFOihin.

Vähitellen koko *New Age* -liike alkoi hajota eri suuntiin, toisaalta puhtaasti itämaisen henkisyyden harjoittajiin ja toisaalta erilaisten rajatiedon oppien kannattajiin.

Alun perin Bugarachin tapahtumiin liitetty päivämäärä oli kuitenkin ollut 12.12.2012. Vasta huhun levitessä laajemmalle, se vaihtui maailmanlopun ennustusten päivämääräksi 21.12.2012.

Mitä lähemmäs ajankohta tuli, sitä suuremmiksi muuttuivat lehtien otsikot.

Kerrottiin, että kaikki majoitus kylässä joulukuussa 2012 oli jo kauan etukäteen täyteen varattu. No, siihen ei paljon tarvittu. Kylässä ei nimittäin ole lainkaan hotellia eikä yksityismajoituksessakaan ole tilaa kuin muutamalle kymmenelle hengelle.

Mitään esoteerista yhteisöäkään siellä ei ole. Sen sijaan läheisissä Rennes-le-Châteaussa ja Rennes-les-Bainsissä on runsaasti *New Age* -kirjakauppoja ja erilaisia vaihtoehtoisia terapiaklinikoita. Niiden asiakkaat olivat tulleet Bugarachiin vain päiväseltään käymään saadakseen tuntea vuoren "magneettisen energian".

Harmi kohusta ulottui pian aivan arkisiinkin asioihin. Kylän opastekyltti varastettiin peräti kolmesti. Pormestari oli ylen kyllästynyt hankkimaan aina uuden, lisäksi se maksoi rahaa.

Monet kuitenkin näkivät ilmiössä myös mahdollisuuden tulojen ansaitsemiseen. Vuoren rinteiltä poimittuja pikkukiviä myytiin netin kautta talismaneina. Jotkut möivät verkossa myös "rukouksia". Eräs innokas yrittäjä jopa tarjoutui viiden euron maksua vastaan hautaamaan vuorelle ihmisten testamentteja. (Mihin tarvitaan testamenttia, jos koko maailma tuhoutuu?)

Paikalliset viininviljelijät alkoivat pullottaa "maailmanlopun vuosikertaa".

Monessa yhteydessä alettiin jo esittää epäilyjä, että koko huhu oli tarkoituksella masinoitu suuri matkailumainoskampanja.

Kyseisenä päivänä vartiossa oli lopulta satakunta poliisia ja palomiestä, eikä ketään päästetty vuoren läheisyyteen.

New Age -uskovaiset joutuivat pettymään – tai helpottumaan – kun päivämäärä 21.12.2012 tuli ja meni, eikä mitään mullistavaa tapahtunutkaan.

Samaan aikaan Latinalaisessa Amerikassa juhlittiin maailman uutta alkua.

Bugarachissa juhlittiin sitä, että koko hirveä häly oli viimein ohi.

LÄHTEET

Englanninkielisistä lähteistä tekstiin poimittujen sitaattien käännökset ovat kirjoittajan, ellei toisin ole mainittu.

GREENWICH

- ASTRONOMERS and the Anarchist bomber. – Royal Museums of Greenwich. – https://www.rmg.co.uk/stories/topics/astronomers-anarchist-bomber (viitattu 30.09.2022)
- HIGGITT, Rebekah: The real story of the Secret Agent and the Greenwich Observatory bombing. – The Guardian, 05.08.2016. – https://www.theguardian.com/science/the-h-word/2016/aug/05/secret-agent-greenwich-observatory-bombing-of-1894 (viitattu 30.09.2022)
- MILLENNIUM Celebrations. – UK Parliament. House of Lords. Volume 586: debated on Wednesday 4 March 1998. – https://hansard.parliament.uk/Lords/1998-03-04/debates/82352fca-1501-49a5-badb-e1b924af18b0/MillenniumCelebrations (viitattu 30.09.2022)
- MILLENNIUM dome. – Wikipedia. – https://en.wikipedia.org/wiki/Millennium_Dome (viitattu 30.09.2022)
- MOORE, Rowan: The Millennium Dome 20 years on. Revisiting a very British fiasco. – The Guardian, 01.12.2019. – https://www.theguardian.com/artanddesign/2019/dec/01/millennium-dome-20-years-on-new-labour (viitattu 30.09.2022)
- ROONEY, David: Ruth Belville. The Greenwich Time Lady. – The National Maritime Museum, 2008.
- TONGA has 2000 reasons to set its clocks ahead. – L.A. Times Archives, Aug. 21, 1999. – https://www.latimes.com/archives/la-xpm-1999-aug-21-mn-2273-story.html (viitattu 09.10.2022)

HIMALAJA

- BOGGAN, Steve: If you are given two options take the hard one. You'll regret it if you don't. – Independent, 02 .09.1995. – https://www.independent.co.uk/life-style/if-you-are-given-two-options-take-the-hard-one-youll-regret-it-if-you-dont-1598999.html (viitattu 15.04.2021)
- HEINEMANN, Laila: Naisia matkalla. Tyttöjä, vaimoja ja ikäneitoja maailmalla. – BoD, 2019.
- KAY, Richard: The dangerous lure of the mountains. – Daily Mail, 28.02.2019. – https://www.dailymail.co.uk/news/article-6757893/Escaping-marriage-Britains-famous-female-climber-died-climb-K2-son-missing.html (viitattu 15.04.2021)
- ROSE, David and Douglas, Ed: Regions of the Heart: The Triumph and Tragedy of Alison Hargreaves. – Penguin Books, e-book edition, 2019.
- RUSSELL, Mary: The blessings of a good thick skirt. Women travellers and their world. – Collins, 1988.
- VILÉN, Jan: Kuoleman varjostama unelma. – Helsingin Sanomat, 02.04.2021. –https://www.hs.fi/urheilu/art-2000007897878.html (viitattu 15.04.2021)
- VILÉN, Jan: Vuorten valloitus. HS seuraa Lotta Hintsan matkaa maailman katolle. – Helsingin Sanomat, 10.06.2021. – https://www.hs.fi/urheilu/art-2000008023592.html (viitattu 26.09.2022)

AMAZONAS

- AITTOKOSKI, Heikki: Tutkija Lulan voitosta: "Amazonille erittäin myönteinen uutinen, mutta ei koko Brasilian ympäristölle". – Helsingin Sanomat, 31.10.2022. – https://www.hs.fi/ulkomaat/art-2000009169640.html (viitattu 01.11.2022)
- AMAZON river. – Wikipedia. – https://en.wikipedia.org/wiki/Amazon_River (viitattu 15.10.2022)

- FRILANDER, Jenni: Amazonin sademetsissä riehuvat pahimmat metsäpalot 15 vuoteen. – YLE, 08.09.2022. – https://yle.fi/uutiset/3-12609496 (viitattu 17.10.2022)
- JOKINEN, Matilda: Brasilian metsäpalojen jälkeen vuoden 2020 piti olla käännekohta, mutta sademetsien kato kiihtyi. – Helsingin Sanomat, 31.3.2021. – https://www.hs.fi/ulkomaat/art-2000007894472.html (viitattu 16.10.2022)
- McPHEE, Rod: The 'British Indiana Jones' Percy Fawcett who disappeared in Amazon jungle trying to find lost city of gold. – Mirror, 24 Mar 2017. – https://www.mirror.co.uk/news/uk-news/british-indiana-jones-percy-fawcett-10093187 (viitattu 15.10.2022)
- PALONEN, Ville: Amazonin jokilaivat – matkavinkit. – Kerran elämässä. Matkaopas maailmaan. – https://kerranelamassa.fi/etela-amerikka-opas/peru/amazon-jokilaivat/
- PERCY Fawcett. – Wikipedia. – https://en.wikipedia.org/wiki/Percy_Fawcett (viitattu 15.10.2022)
- SAARILAHTI, Elina ja Karasti, Karla: Brasilian poliisi: Amazonin sademetsiin kadonneet brittitoimittaja ja alkuperäiskansojen asiantuntija ammuttiin – Helsingin Sanomat 18.06.2022. – https://www.hs.fi/ulkomaat/art-2000008894621.html (viitattu 15.10.2022)
- SIMILÄ, Ville: ”Maailman yksinäisin mies” kuoli Amazonin viidakossa kansansa viimeisenä. – Helsingin Sanomat, 29.8.2022. – https://www.hs.fi/ulkomaat/art-2000009035595.html (viitattu 15.10.2022)
- VAINIO, Sara: Viidakon tähti. – Helsingin Sanomien kuukausiliite 12/22.
- YOSSI Ghinsberg. – Wikipedia. – https://en.wikipedia.org/wiki/Yossi_Ghinsberg#Amazon_travel (viitattu 16.10.2022)

GALAPAGOS

- GRANT, K. Thalia ja Estes, Gregory B.: Alf Wollebæk and the Galapagos archipelago's first biological station. – AquaDocs Research Articles. – http://hdl.handle.net/1834/36362 (viitattu 23.11.2022)
- HANCOCK - Pacific Galapagos Expedition: The Empress of the Galapagos, 1933-1935. Smithsonian Institute Archives Video. YouTube https://youtu.be/CijtNm-BrsE (viitattu 23.11.2022)
- HOFF, Stein: The Galapagos Dream. Norjankielisestä alkutekstistä Drømmen om Galapagos kääntänyt Friedel Horneman ja toimittanut Robert I. Bowman. https://web.archive.org/web/20041021043014/http://www.galapagos.to/TEXTS/Hoff-0.HTM (viitattu 07.09.2022)
- JOHN William Nylander. – Wikipedia. – https://fi.wikipedia.org/wiki/John_William_Nylander (viitattu 19.20.2022)
- LUNDH, Jacob P.: Galapagos – A brief History. – Jacob P. Lundh, 1999, 2001. – Verkossa: http://www.lundh.no/jacob/galapagos/pg05.htm (viitattu 15.05.2021)
- MARKEY, Mary: The Empress of the Galapagos Islands. Parts 1-4. Smithsonian Institution Archives Blog. June 7, 2011–Nov 7, 2011. – https://siarchives.si.edu/blog/tag/empress-galapagos (viitattu 23.11.2022)
- MELVILLE, Herman: *The Encantadas*. In "Billy Budd, Sailor & Other Stories" - Penguin Books, 1982. Verkossa: http://xroads.virginia.edu/~Hyper/Melville_En/toc.html (viitattu 11.10.2022)
- STROCHLIC, Nina: This Is the World's Most Unusual Post Office. – National Geographic, 18.09.2017. – https://www.nationalgeographic.com/travel/article/galapagos-post-office-bay (viitattu 15.05.2021)
- TREHERNE, John: The Galapagos Affair. - Triad Grafton, 1987.
- WILLIAM Beebe. – Wikipedia. – https://en.wikipedia.org/wiki/William_Beebe (viitattu 12.10.2022)

- WITTMER, Margaret Walbroel: What Happened on Galápagos? : The Truth of the Galápagos Affair As Told by A Lady from Cologne. Saksankielisestä alkuteoksesta Was Ging Auf Galapagos Vor? lyhentänyt ja kääntänyt Sydney Skamser. - © 1989 https://web.archive.org/web/20041012052818/http://www.galapagos.to/TEXTS/WITTMER1.HTM (viitattu 07.09.2022)

TIMBUKTU

- ALEXANDER Gordon Laing. Trip to Timbuktu. – Famous explorers. – http://www.famous-explorers.com/famous-scottish-explorers/alexander-gordon-laing/ (viitattu 02.10.2022)
- CHATWIN, Bruce: Anatomy of restlessness. – Picador, 1997.
- CHRISTENSEN, Else: Timbuktu. Lähde matkalle maailmaan ääriin. – historianet.fi, 16.08.20. – https://historianet.fi/kulttuuri/historian-oppaat/historian-suurkaupunkioppaat/timbuktu-lahde-matkalle-maailman-aariin (viitattu 18.06.2022)
- FALL of Timbuktu (2012). – Wikipedia. – https://en.wikipedia.org/wiki/Fall_of_Timbuktu_(2012) (viitattu 18.06.2022)
- HOW to visit Timbuktu, the legendary city of Mali. – Tuktuk Travel Magazine. – https://tuktuktravelmag.com/how-to-visit-timbuktu-the-legendary-city-of-mali/ (viitattu 18.06.2022)
- MASONEN, Pekka: Leo Africanus: The Man with Many Names. – http://www.leoafricanus.com/pictures/bibliography/Masonen/Masonen.pdf (viitattu 02.10.2022)
- RENÉ Caillié. – Wikipedia. – https://en.wikipedia.org/wiki/Ren%C3%A9_Ailli%C3%A9 (viitattu 18.06.2022)
- TIMBUKTU. – Wikipedia. – https://en.wikipedia.org/wiki/Timbuktu (viitattu 18.06.2022)
- TIMBUKTU. – UNESCO World Heritage Convention. – https://whc.unesco.org/en/list/119/ (viitattu 18.06.2022)

MANDALAY

- BOOTH; Robert: Boris Johnson caught on camera reciting Kipling in Myanmar temple. – The Guardian, 30.09.2017. – https://www.theguardian.com/politics/2017/sep/30/boris-johnson-caught-on-camera-reciting-kipling-in-myanmar-temple (viitattu 21.06.2022)
- KERR, Douglas: Rudyard Kipling. – The Literary Encyclopedia. Volume 1.2.1.08: English Writing and Culture of the early Twentieth Century , 1900-1945 . – https://www.litencyc.com/php/speople.php?rec=true&UID=4913 (viitattu 22.06.2022)
- KIPLING, Rudyard: Mandalay. – https://www.kiplingsociety.co.uk/poem/poems_mandalay.htm (viitattu 27.07.2022)
- MAHAMUNI Buddha Temple. – Wikipedia. – https://en.wikipedia.org/wiki/Mahamuni_Buddha_Temple (viitattu 27.07.2022)
- MYANMAR (Burma) / this edition written and researched by Simon Richmond ... [et al.]. – 12th ed. – Lonely Planet, 2014.
- ORWELL, George: Burmese days. – Collins Classics. – Ebook edition by WilliamCollinsBooks.com, 2021.
- PAAVONHEIMO, Jari: Siirtomaavalta on kumottu, mutta vanhat asenteet ja eriarvoisuus ovat osa maailmanmenoa – ja yhdet ovat tasa-arvoisempia kuin toiset. – Helsingin Sanomat, 27.03.2021. – https://www.hs.fi/kulttuuri/art-2000007885587.html (viitattu 21.06.2022)

BALI

- BUDIMAN, B.M.: Charlie Chaplin in Java and Bali. Romanticism over Realism https://budimanbm.medium.com/charlie-chaplin-in-java-and-bali-5a17b6018aa2 (viitattu 01.06.2022)
- GRINGO Trails. – Elokuvan virallinen verkkosivusto. – http://gringotrails.com/ (viitattu 26.07.2022)

- HALLIBURTON, Richard: The Royal road to romance. – 1925, e-kirjapainos 2020. – https://www.fadedpage.com/books/20200909/html.php (viitattu 01.06.2022)
- HEINEMANN, Laila: Matkakirja. Matkailua ja matkailijoita kautta aikojen. – BoD, 2016.
- MIETTINEN, Jukka O.: Silmät auki Aasiassa. – Gaudeamus, 1987.
- ROGERS, Greg: The Banana Pancake Trail. Major Stops and Routes for Backpackers in Asia. – Tripsavvy, 26.06.2019. – https://www.tripsavvy.com/banana-pancake-trail-1458475 (viitattu 26.07.2022)
- WALTER Spies. – Wikipedia. – https://en.wikipedia.org/wiki/Walter_Spies (viitattu 01.06.2022)

CASABLANCA

- CARTER, Grace May: Ingrid Bergman. – New Word City, 2016 (e-book edition)
- CASABLANCA. – Wikipedia. – https://en.wikipedia.org/wiki/Casablanca (viitattu 03.11.2022)
- CASABLANCA (film) – Wikipedia. – https://en.wikipedia.org/wiki/Casablanca_(film) (viitattu 03.11.2022)
- EVERYBODY Comes to Rick's. – Wikipedia. – https://en.wikipedia.org/wiki/Everybody_Comes_to_Rick%27s (viitattu 03.11.2022)
- HIETALA, Maria: Marokon kiehtovat kaupungit. Tällaisia ovat Casablanca ja Marrakech. – Rantapallo, 14.03.2016. – https://www.rantapallo.fi/kaupunkilomat/marokon-kiehtovat-kaupungit-tallaisia-ovat-casablanca-ja-marrakech/ (viitattu 04.11.2022)
- A NIGHT in Casablanca. – Wikipedia. – https://en.wikipedia.org/wiki/A_Night_in_Casablanca (viitattu 03.11.2022)

- OF all the gin joints. Rick's Cafe recreated in Casablanca. – The Irish Times, 10.07.2018. – https://www.irishtimes.com/culture/film/of-all-the-gin-joints-rick-s-cafe-recreated-in-casablanca-1.3559097 (viitattu 03.11.2022)
- TIKKA, Iida: "Haaveeni on lähteä Marokosta" – Rabatin ja Casablancan kaduilla halveksitaan terroristeja. – YLE, 28.8.2017. – https://yle.fi/uutiset/3-9802057 (viitattu 04.11.2022)
- VAN EVRA, Jennifer: Casablanca at 75: fascinating facts about one of the most famous films of all time. – CBC blog, Nov 23, 2017. – https://www.cbc.ca/radio/q/blog/casablanca-at-75-fascinating-facts-about-one-of-the-most-famous-films-of-all-time-1.4413515 (viitattu 03.11.2022)

SANZHI

- CHUANG, Jimmy: Taipei County looks to rebuild site of weird UFO houses. – Taipei Times, 29.01.2009. http://www.taipeitimes.com/News/taiwan/archives/2009/01/29/2003434810 (viitattu 13.04.2021)
- FUTURO-talo (näyttelyesite). – Kulttuuriespoo, 2020. https://www.kulttuuriespoo.fi/fi/node/16569 (viitattu 13.04.2021)
- MANNINEN, Mari: Lensivätkö suomalaisufot Taiwaniin? – Helsingin Sanomat, 14.05.2021. https://www.hs.fi/ulkomaat/art-2000007970082.html (viitattu 16.05.2021)
- SANZHI UFO houses. – Wikipedia. – https://en.wikipedia.org/wiki/Sanzhi_UFO_houses (viitattu 13.04.2021)
- The UFO houses of Sanjhih. – Deserted Places. Abandoned places and urban decay, Blogpost 03.10.2012. – http://desertedplaces.blogspot.com/2012/10/the-ufo-houses-of-sanjhih.html (viitattu 13.04.2021)
- WHAT is a Ghost Tour? Read This Before You Go. – The Haunt website. – https://thehauntghosttours.com/blog/what-is-a-ghost-tour-read-this-before-you-go/ (viitattu 09.10.2022)

BUGARACH

- CHEBIL, Mehti: Doomsday report: Apocalypse now in Bugarach. – France24, 19.12.2012. – https://www.france24.com/en/20121219-reporter-notebook-apocalypse-now-bugarach-maya-doomsday-december-21 (viitattu 05.09.2022)
- CHRISAFIS, Angelique: Bugarach: the French village destined to survive the Mayan apocalypse. – The Guardian, 19.12.2012. – https://www.theguardian.com/world/2012/nov/19/bugarach-french-village-survive-mayan-apocalypse (viitattu 05.09.2022)
- ESQUERRE, Arnaud: Mount Bugarach Saved from the End of the World: An Inconsistent Prediction. – Translated from the French by JPD Systems. – Raisons politiques Volume 48, Issue 4, 2012, pages 33 to 49. – https://www.cairn-int.info/article-E_RAI_048_0033--mount-bugarach-saved-from-the-end-of-the.htm (viitattu 05.09.2022)
- FICHOT, Nicolas: French village bemused by Apocalyptic strangers. – Reuters, June 27, 2011. – https://www.reuters.com/article/oukoe-uk-france-apocalypse-bugarach-idUKTRE75Q1AO20110627 (viitattu 05.09.2022)
- GAIALAND. Elämäntapaintiaanien mysteeri. – YLE Areena. – https://areena.yle.fi/1-50728256 (viitattu 05.09.2022)
- LUETTELO maailmanlopun päivämääristä. – Wikipedia. – https://fi.wikipedia.org/wiki/Luettelo_maailmanlopun_p%C3%A4iv%C3%A4m%C3%A4%C3%A4rist%C3%A4 (viitattu 05.09.2022)
- PIC de Bugarach. – Wikipedia. – https://en.wikipedia.org/wiki/Pic_de_Bugarach (viitattu 05.09.2022)
- STUART, David: More on Tortuguero's Monument 6 and the Prophecy that Wasn't. – Maya Decipherment, 04.11.2011. – https://mayadecipherment.com/2011/10/04/more-on-tortugueros-monument-6-and-the-prophecy-that-wasnt/ (viitattu 05.09.2022)

Samalta tekijältä on aiemmin ilmestynyt:

Matkakirja. Matkailua ja matkailijoita kautta aikojen. (BoD, 2016)

Hotellielämää. Seurapiirejä ja suurvaltapolitiikkaa. (BoD, 2017)

Naisia matkalla. Tyttöjä, vaimoja ja ikäneitoja maailmalla. (BoD, 2019)